# 웃는 부모 우는 아이

10 most common mistakes good parents wake
by Kevin Steede

Copyright © 1998 by Kevin Steede
All rights reserved.

Korean Translation Copyright © 2014 by Big Tree publishing Co.

Korean edition is published by arrangement with Prima Publishing
through Imprima Korea Agency

똑똑한 자녀교육이 불러온 부모의 10가지 실수

# 웃는 부모 우는 아이

케빈 스티드 지음 | 곽지수 옮김

큰나무

# 부모라는 것에 대하여

자, 당신은 부모이다. 부모라는 것은 정확히 어떤 의미를 갖는 것일까? 당신이 자녀를 낳았다는 것만은 분명하다. 그것으로 다일까? 자녀를 낳았다는 생물학적인 행동만으로 당신은 부모가 되는 것일까? 나는 그렇게 생각하지 않는다.

부모라는 것보다 더 중요한 직업은 이 세상에 존재하지 않는다. 나는 심리학자로서 어린이들, 10대들, 그들의 가족들과 일하는 것을 선택했다. 그 이유는 자녀의 인생에 있어서 부모의 역할이 결정적이라는 사실을 굳게 믿고 있기 때문이다.

만일 당신의 자녀를 이 세상에 태어나게 하기로 결정했다면, 당신은 자녀의 삶을 성공적으로 만들 수 있는 도구를 주기 위해 열심히 노력해야 하는 기본적인 의무를 갖게 된다. 이보다 더 중요한 일은 없다.

어떤 현자는 이렇게 말하기도 했다.

"자녀를 올바르게 키워라. 그들이 바로 노후에 당신의 양로원을 선택하게 될 것이다."

부모는 자녀를 훌륭하게 키우기 원한다. 자녀에게 무관심하거나 해를 입히려고 하지 않는다. 그러나 실제로 많은 부모가 일상사에서 벗어나지 못한 채 이차적인 일 때문에 부모 역할을 제쳐두고 있다. 문제가 발생할 때야 비로소 자녀에게 관심을 쏟는 것이다.

사람들은 대부분 자신의 직업에 대한 분명한 목표가 있다. 노후 대비를 위한 장기적인 계획도 세우고 있다. 자동차 할부가 얼마 남았는지, 언제 부엌을 새로 꾸밀 것인지 등에 대한 확실한 그림을 머릿속에 그려놓고 있다. 그러나 행복하고 건강하게 자녀를 양육하기 위해 어떤 계획을 가지고 있느냐고 물으면 많은 부모들은 마치 냉장고 아래에 웅크리고 앉아 있다가 기어나온 사람처럼 물끄러미 쳐다만 볼

뿐이다.

 그들은 자녀 교육 문제에 대해 생각조차 해 보지 않고 늘 그래 왔던 것처럼 먹고사는 일에만 신경을 쓰면 저절로 양육이 이루어지는 것으로 생각한다.

 부모들은 가끔 자신들이 어떻게 키워졌는지에 불평을 털어놓기도 한다. 그러나 자신의 자녀를 어떻게 키우기를 원하는지 진지하게 생각해 볼 시간은 좀처럼 내지 않는다. 자녀에게 어떤 가치관을 심어 줄 것인가에 대해서도 생각해 보지 않는다.

 자녀에게 강한 자의식을 갖게 해주는 최선의 길은 무엇인가에 대해서도 토론하지 않는다. 얼마나 많은 시간을 자녀와 보내야 하는지, 또 어떻게 그런 시간을 낼 수 있는지에 대해서도 생각해 보지 않는다. 많은 부모가 단지 '남는' 시간에만 부모 노릇을 하는 것이다.

 많은 사람들이 부모 역할을 그저 당연한 일인 것처럼 하루하루 치르고 있는 것을 보면서 내 자신은 이러한 '수동적인 부모 증후군'에서 벗어나 있다고 믿고 있었다. 그러나 나 또한 그런 부모와 별반 다를 것이 없었다.

 아버지로서 나는 꽤 많은 시간을 딸과 보내 오고 있었다.

그러나 딸아이기 열 살 되던 해인 어느 토요일 날, 능동적인 부모 역할에 대한 값진 교훈을 얻게 되었다.

당시 나는 집을 구입해 여러 많은 잡일을 해야만 했다. 아침에 할 일들을 우선 해치운 다음, 은행에 가져가야 할 수표를 찾으러 딸아이와 함께 사무실로 갔다. 그다음에 우리는 근처 세탁소로 가서 세탁물을 맡기고 철물점에 들르고 근처 보육원에도 방문했다.

가까운 패스트푸드 음식점에서 서둘러 점심을 먹은 뒤에 우리는 허둥지둥 여러 곳을 돌아다녀야만 했다. 식료품점, 전파상, 구둣방 등을 말이다. 잠깐 집에 다시 들른 다음 세차장, 주유소, 서점을 오갔다.

마침내 우리는 집으로 다시 돌아왔다. 딸아이가 텔레비전을 보는 동안 나는 저녁식사를 준비하기 시작했다. 저녁을 먹고 난 다 아이는 샤워를 했고 나는 고장난 가전제품을 고쳤다. 설거지를 끝낸 후에는 아이가 자기 방에서 책을 읽는 모습을 바라보았다.

아이의 옆에 다가가 앉으며 잠자리에 들겠느냐고 물어보았다. 아이가 책에서 눈을 떼고 말했다.

"있잖아요, 아빠. 나는 아빠랑 좀 더 많은 시간을 같이 보낼 수 있었으면 좋겠어요. 정말 그랬으면 좋겠어요.”

그 말은 무척 충격적이었지만 전적으로 옳았다. 물리적으로는 하루 온종일 함께 했지만, 심리적으로는 둘 사이에 먼 거리가 존재하고 있었다. 훌륭한 부모가 되려고 애를 쓰고 있는 상담자들처럼 나도 자녀를 키우는 것보다 일을 우선으로 하는 함정에 빠져 있었던 것이다.

아이들은 자신들이 수동적인 자세로 부모 곁에 있기만 하는 것이 아니라, 적극적으로 부모와 함께 삶을 체험하고 있다는 사실을 느껴야 할 필요가 있다.

이런 간단한 사실을 부모가 자각하는 순간 비로소 자녀가 행복하고 스스로 충분한 동기가 부여되어 독립적인 성인이 되도록 가르칠 수 있는 길로 한 걸음 더 다가서게 되는 것이다.

반대로 그저 대충대충 함께 시간만 보낸다면 자녀를 조급하고 자기 생각만 하는 사람으로 만들어 버릴 수도 있는 것이다.

다음 토요일, 나는 다시 한번 기다란 ‘해야 할 일’ 목록과 씨름해야 했다. 지난 주말과 같은 실수를 되풀이하지 않겠다는 결심을 굳게 하고 의도적으로 계획을 변경했다. 서둘러 아침을 먹는 대신 아이와 테라스에서 특별한 아침을 들었다. 이리저리 들러야 할 곳이 많았지만 우리는 차 안에 테이프를 틀어놓고 함께 노래를 부르며 달렸다. 또한 딸아이가 딱정벌레라고 부르곤 하는 폭스바겐 차를 누가 더 많이 찾아내는지 시합을 벌이기도 했다.

집으로 돌아와서도 여전히 해야 할 일들이 많이 남아 있었다. 우선 집 안 전기 배선 일을 처리해야 했다. 그렇지만 나는 아이를 혼자 놀게 하는 대신 그 일을 내 옆에서 거들게 했다. 딸아이는 전기 드라이버 사용법을 배우면서 무척 즐거워했고 아빠를 도울 수 있다는 것을 매우 자랑스러워했다.

그 일을 다 마치고 나서 우리는 자전거를 타고 근처를 돌았다. 이런 단순한 일에 아이가 무척 즐거워하는 것을 보면서 나는 환상에 가까운 느낌이 들었다.

자전거를 탄 후 아이는 저녁 준비와 설거지를 도왔다. 결과적으로 혼자 할 때보다 시간은 더 걸렸지만 딸아이는 자신도 뭔가를 한다는 기분을 느끼고 있는 것 같았다.

아이가 샤워를 마친 다음 우리는 뒤뜰에 담요를 깔고 밤하늘의 별을 헤아렸다. 그러다가 꽤 오랜 시간 동안 아무 말없이 하늘을 쳐다보기만 했다.

어느덧 잠자리에 들 시간이 되었다. 내가 감싸안자 아이가 말했다.

"아빠, 오늘은 정말 멋진 날이었어요. 아빠, 사랑해요."

아이는 그 순간 내 눈에 어린 눈물을 보지 못했으리라.

딸아이는 그렇게 열 살짜리의 지혜를 가지고 나에게 다음과 같은 사실을 일깨워 주었다(나는 가르치는 것은 부모지 아이가 아니라고 생각하고 있었다).

단지 조금 더 생각하고, 조금 더 준비하는 부모가 자녀의 삶에 뚜렷한 의미를 줄 수 있다는 것이다. 내 자신의 초점을 바꿈으로써 조급하고 바빴을 하루를 값지고 의미 있는 날로 바꿀 수 있었다. 몇 가지 일은 손도 대지 못한 채 그대로 남겨졌는지도 모른다. 그러나 그에 대한 보상은 충분했다.

작은 실험을 해 보자.

아이들과 함께 앉은 다음 그들에게 질문을 하나 던져 보자. 당신에게서 배운 것들 중 가장 중요한 것이 무엇인지를 아이들에게 물어보라. 그 대답에 놀랄 수도 있으리라. 아이의 대답은 이랬다.

“남에게 친절하고, 자신을 믿고, 또 너무 심각해하지 말고…… 저 치즈가 제일 맛이 좋다는 거요.”

네 가지 중 세 가지는 그렇게 나쁜 것 같지는 않았다.

부모라는 것은 그냥 그대로 존재하는 것이 아니라 무엇인가 행동을 할 때 비로소 탄생한다. 즉, 행동을 포함해야 한다. 당신의 자녀가 인생과 인간관계와 정직과 명예에 대해서 어떠한 것을 알기를 원하는지 결정해야 한다.

또한, 아이들이 자신들의 개성에 대해 자긍심을 갖도록 도와주기 위해 취해야 하는 특정한 조치들을 포함한다. 부모가 된다는 것은 자녀에게 독립적이고 책임감 있는 성인으로서 성장하는 방법을 가르쳐 주기 위해 취해야 하는 적극적인 조치들을 말한다.

수많은 엄마 아빠가 능동적인 부모가 되고자 노력하는 것을 보아 왔다. 그들은 주말에 취미 활동을 하거나 사무실에 나가 일하는 대신, 학교 행사에 참석하거나 아이들과 함께 시간을 보내는 것을 우선순위에 둔다. 또한 엄마나 아빠 역할을 하는 것이 그들의 인생에서 그 어떤 일보다 중요하다는 것을 알고 있는 사람들이다.

훌륭한 부모가 된다는 것이 자녀 양육에 모든 시간을 바쳐야 한다는 것은 아니다. 많은 부모가 바쁘고 긴장으로 가득 찬 삶을 살고 있다. 어떤 부모는 부업을 해야만 하고, 또 어떤 이들은 배우자 없이 홀로 자녀를 키워야 한다.

내가 제안하고자 하는 것은 부모의 역할에 대해 다른 관점에서 생각해 보자는 것이다. 부모는 직업과 휴식, 부모의 역할 사이에서 균형을 찾아야 한다. 부모의 역할을 적극적으로 우선순위에 올려야 한다. 부모의 역할은 남는 시간에 할 수 있는 단순한 성격의 것이 아니다.

이 책은 적극적인 부모가 되기로 결심한 사람들을 위해 쓰여졌다. 또한 흔히 부모가 저지르기 쉬운 실수를 피해 가는 데 도움을 줄 수 있도록 쉽게 쓰여졌다. 부모가 긍정적인 태도와 활동적이면서 효율적인 양육 기술을 개발하는 데 도움이 될 수 있도록 짜여졌다.

각 장마다 심리학자로서 실제로 매일 상담을 하면서 부딪히게 되는 자녀 양육상의 공통된 문제점들이 간략하게 정리되어 있다. 사람들이 비싼 진료비를 내고 심리학자의 방에서 배우는 것들과 동일한 내용으로, 효과적이고 쉽게 따라 할 수 있는 전략들이다.

각 장의 끝부분에는 그 장에서 설명한 주요 요점들을 정리해 두었다. 또한 각 장에서 배운 내용에 대한 기억을 새롭게 하고, 주요 요점들을 확실하게 이해하여 자기 것으로 만들었는지를 확인할 수 있는 간단한 묻고 답하기가 마련되어 있다.

어느 누구나 훌륭한 부모가 될 수 있다. 단지 삶에서 부모의 역할에 우선순위를 부여할 생각만 가지고 있으면 된다. 또한 이 책에서 설명된 전략과 기술 몇 가지만 알고 있어도 도움이 된다.

자, 이제 책장을 넘겨보도록 하자.

# 목차

실수 1

# 심리적 지뢰밭 만들기

**심리적 지뢰**란 부모가 아이들에게 전하는 건강하지 못한 메시지를 말한다. 이 경우 아이들이 자라서 부정적이며 자기 파괴적인 성향을 갖게 된다.

우리들은 자신의 아이들을 위해 가장 좋은 것만을 고집한다. 우리는 아이들을 훈련시키고 칭찬을 하고 충고를 하면서 아동기와 사춘기의 물결을 성공적으로 헤쳐나갈 수 있도록 한다. 일부러 아이들에게 상처를 줄 행동은 하려 하지 않는다.

그렇게 열심히 아이들에게 효과적인 삶의 기술과 확고한 가치체계를 갖게 해주려고 하는 가운데 간혹 우리들은 자기도 모르는 사이에 아이들에게 부정적인 생각을 주입하게 된다. 이러한 '심리적 지뢰밭'은 뒷날 아이들의 삶에 커다란 영향을 미칠 수 있다.

부모로서 우리들은 각자 편견을 가지고 있다. 이러한 편견은 종종 우리 자신의 어린 시절의 경험에서 비롯된다. 이러한 것들은 대체로 삶에 대해 긍정적이고 이로운 가정을 전제로 하고 있지만, 실제로는 삶에 부정적인 영향을 끼치는 경우가 많다.

이런 부정적이며 비생산적인 '심리적 지뢰'를 우리 아이들에게 대물림하는 것을 피하는 가장 좋은 방법은 자기 자신과 양육 방법에서 지뢰를 찾아내는 것이다.

이번 장은 아주 보편적인 심리적 지뢰에 대해 이야기하고자 한다.

# 나는 매사에 완벽해야만 한다

부모는 자녀가 하고자 하는 일에서 최선을 다하도록 격려하고자 한다. 자녀가 자유롭게 자신의 독특한 재능과 관심사를 발견하기를 원한다.

그러나 좋은 의도에도 불구하고, 실제로는 의도하지 않은 메시지를 자녀에게 보내는 경우도 있다.

최선을 다하도록 동기를 부여하는 것과 하고자 하는 일이 무엇이든 반드시 그 일에서 최고가 되어야 한다는 잘못된 믿음을 갖도록 압력을 가하는 것을 구분하기는 매우 어려운 일이다.

　아이들이 전혀 또는 거의 관심을 보이지 않는 일을 부모가 강요할 때 이러한 심리적 지뢰가 심어진다. 또한 아이가 어떤 일을 기대한 것보다 잘하지 못했을 때 부모가 그 사실을 그대로 받아들이려고 하지 않으면 아이의 마음에 심리적 지뢰가 파고들게 되는 것이다. 심리적 지뢰가 아이의 신념 체계와 결합되면 아이는 자부심에 손상을 입는다.

　아이가 모든 일에 ‘최고’가 된다는 것은 불가능한 일이다. 자기가 최고가 되어야 한다고 생각하는 아이는 금세 자신이 부모를 실망시키고 있다고 믿게 되고, 궁극적으로는 자기 자신에게 실망하게 된다.

　어린 시절 부모로부터 받은 심리적 지뢰를 가지고 성인이 된 사람은 자신에게 부여된 과제에 대해 화를 내거나 억눌린 감정을 갖게 된다. 다른 사람이 자기에게 기대하는 것에 자신은 결코 도달하지 못한다고 생각하기 때문이다.

　이러한 심리적 지뢰를 벗어나기 위해 아이들은 다양한 활동을 접해야 하며 더 나아가 그중에서 관심을 느끼는 것들을 좀 더 탐구해 보아야 한다.

개개인이 각각 다른 관심사와 능력을 가지고 있으며, 각자 독특한 장점과 약점을 가지고 있다는 것을 이해해야 한다.

한 어머니가 자기 아이들에게 뭔가 문제가 있다고 생각하여 상담을 하러 왔다. 체구가 좀 작은 편인 8세의 첫째 아들은 스포츠에 전혀 관심이 없었다. 컴퓨터를 가지고 놀기를 더 좋아하고 또 분명히 그 분야에 특별한 재능이 있어 보였다. 반대로 둘째인 딸은 운동을 좋아했고, 여자아이로서 해야 하는 전통적인 일들을 싫어했다.

부모는 열성적으로 아들에게는 억지로 운동을 시키려 애썼고, 딸에게는 그녀가 운동을 하지 말도록 설득했다. 결과는 두 아이 모두 불행하게도, 부모가 정해준 분야를 제대로 해내지 못하는 자신에 대해 혐오감을 가지게 되었다.

나는 그 어머니에게 아이들이 스스로의 길을 찾아 본인들이 관심을 느끼고 능력을 발휘할 수 있는 활동을 하도록 내버려 두라고 조언했다.

이 어머니는 그 후 내게 여러 번 전화를 하여 딸아이는 시 육상 대회에서 우승을 했으며, 아들은 최근에 컴퓨터 게임을 만들어 대기업에서 그 게임의 상업성 여부를 검토하고 있다고 자랑스럽게 말했다.

이 이야기의 교훈은 아이들 스스로 자신의 관심사와 능력을 발견할 수 있도록 해주어야 한다는 것이다. 부모가 원하는 분야가 아닌 자신들이 원하는 분야를 찾도록 말이다.

아이의 독특한 재능을 격려해 주는 게 좋다는 것이 분명하지만 아직도 많은 부모가 여러 이유로 자녀에게 이런저런 방향으로 나아가도록 강요한다.

어쩌면 어떤 한 분야에서 뛰어난 부모가 아이에게서도 자신의 그런 모습을 발견하고 싶기 때문일 수도 있다. 아니면 어떤 분야에서 '완벽하지 못한' 부모가 자신의 부족함을 보상받기 위해 아이들을 다그치는 것일 수도 있다. 또 부모가 자신의 삶을 풍요롭게 하기 위해 아이에게 변덕스런 삶을 강요하는 경우도 있다.

좀 유별난 예가 있다. 한 부부가 열 살 난 아들 때문에 상담을 하러 왔다. 그들 부부는 모두 각자의 분야에서 성공을 거두었고 경제적으로도 상당히 여유로운 편이었다. 그들은 최근에 아들의 성적이 떨어진 것에 대해서 심각한 걱정을 하고 있었다.

부부는 상담이 시작되자마자 자기 아들은 학교에서 어떤 행동상의 문제는 가지고 있지 않다고 말했다. 아들의 생활 태도에 대한 평점은 언제나 최고였다. 또한 집에서의 행동도 좋은 편이었다.

그러나 학교에 관련된 일에 대해서는 달랐다. 숙제를 집에 가져오는 것을 잊어버리는 일이 많았고 마지못해 겨우 숙제를 끝마치곤 했다. 매일 저녁 아이를 책상에 앉혀서 숙제를 하게 하는 일이 점점 더 힘들어져 갔다.

두 사람의 이야기가 여기에 이르렀을 때, 나는 아이가 학교 공부에서 슬럼프에 빠지게 된 여러 가지 가능한 이유들에 대해 생각해 보기 시작했다.

주의산만증을 갖게 된 것일까? 가정 문제가 아이에게 최근에 정신적인 스트레스를 준 걸까? 어쩌면 아이는 지금 스트레스를 받고 있는지도 모른다.

이런 여러 가지 가능성들을 확인하기 위해서 먼저 아이가 지금까지 학교에서 어떻게 해 왔는지부터 시작해서 여러 가지 질문들을 하기 시작했다.

"항상 훌륭한 학생이었나요?"

“그럼요.”

“아이의 성적이 떨어지기 시작한 것을 언제 알았나요?”

“최근에 성적표를 받아 보고 알게 되었어요.”

“어떤 과목이 얼마나 떨어졌습니까?”

“수학이 98점에서 자그마치 92점으로 떨어졌어요!”

그들의 진지한 모습에 나는 무척 놀라고 말았다. 부모가 아이에게 얼마나 성공에 대한 압박감을 주고 있는지는 천재가 아니더라도 쉽게 알 수 있는 일이었다.

아이는 자신이 무슨 일을 하더라도 부모를 만족시킬 수 없을 것이라고 느끼고 있는 것이 확실했다. 그 생각은 분명 옳았다. 부모는 단지 잘하는 것뿐 아니라 이 열 살짜리 아이에게서 완벽함을 원했던 것이다.

자기가 어떻게 하든지 결국 부모를 실망시킬 수밖에 없을 것이라고 생각하게 되자 아이는 반항을 하기 시작했다. 부모를 기쁘게 해줄 수 없다는 사실로 인해 느끼게 되는 불안감이 수동적 공격 성향으로 이끌어, 자신의 완벽하지 못한 점수에 대한 책임을 벗어나려는 시도를 하게 만들었다.

아이는 완벽하지 못할 바에야 차라리 숙제를 하지 않는 것이 낮다고 생각했다. 완벽하지 못한 점수로 부모에게 실망을 줄 바에야 차라리 과제 자체를 잊어버리는 쪽을 선택한 것이다.

얼마간의 노력이 필요했지만, 결국 부모는 자신들이 아이에게 강요했던 압박감을 이해하기 시작했다. 나는 그들에게 자녀와 대화를 하라고 조언했다. 어떤 점수를 받아오든 부모는 변함없이 아이를 사랑한다는 것을 확신시키라고 말을 했다. 더 나아가 아이 스스로 자신의 학업에 책임을 질 수 있도록 자녀를 신뢰하고 더는 강요하는 일이 없도록 하라고 했다.

부모는 아이가 필요로 하는 경우에만 도움을 주겠다고 다짐을 했다. 단, 도움을 청하는 것은 전적으로 아이가 정하기로 했다.

그러한 전략은 먹혀들어갔다. 3주가 채 지나지 않아 아이는 아무런 불평 없이 학교에서 집으로 숙제를 가지고 와서 하기 시작했다. 아이는 집에서 볼이 부어 있는 시간이 점점 적어졌고, 높은 성적을 유지했다.

또한 전보다 훨씬 더 행복해했고 자부심은 더욱 높아졌다.

강요를 받아서가 아니라 자신이 원해서 좋은 성적을 올렸기 때문이었다.

결과의 성공 여부가 아니라 행동하고자 한 그 자체를 칭찬해 줌으로써 '나는 최고가 되어야 해'라는 심리적 지뢰밭을 만드는 것을 피할 수 있다. 더 나아가 아이가 자아를 키우도록 해줄 수 있다. 아이의 성취 수준이 아니라 노력 그 자체를 강조함으로써 자부심과 더욱 노력을 하려는 동기를 북돋아 줄 수 있는 것이다.

아이가 최선을 다하도록 고무해 주고, 얼마나 열심히 하는가를 성공 여부의 척도로 삼아 보자.

# 결과가 바로 인격

이 지뢰는 앞의 지뢰와 아주 가까운 사촌 간이다. 이 지뢰 역시 부모가 자신이 원하는 분야에서 자녀가 잘해주기를 바라는 욕심에서 비롯된다. 부모는 모두 자신의 자녀가 성공적이며 스스로에게 만족하기를 바란다.

그러나 아이들은 부모의 인정 여부가 자기가 한 일에 대한 것인지 자기 자신에 대한 것인지 그 차이점을 쉽게 구분하지 못한다는 사실을 이해하는 것이 매우 중요하다. 다시 말해, 어떤 행위에 대해 부모가 인정하는 것을 아이는 그것이 부모가 자기를 사랑하는 것으로 해석할 수 있다.

반대의 경우도 그러하다. 어떤 행동에 대해 부모가 용납을 하지 않는 것을 아이는 사랑을 받지 못하거나 사랑을 거두어 버리는 것으로 느낄 수 있다. 아이가 어릴수록 이런 경향이 두드러진다.

어떤 일의 성공과 실패 여부와 상관없이 아이들은 부모가 자신을 사랑하고 받아들인다는 것을 느껴야 한다. 이것은 아주 중요한 문제이다. 이 중요한 개념은 '무조건의 사랑'이라고 일컬어진다.

간단히 말해, 이 무조건적인 사랑은 아이에게 이 세상의 그 어떤 것도 부모의 사랑을 거두어 갈 수는 없다는 것을 알게 하는 것이다.

부모는 어떤 행동에 대해 용납을 할 수도 혹은 나무랄 수도 있지만 자녀에 대한 사랑은 변함이 없는 것이다.

한 부모는 이 개념에 대해 다음과 같은 말로 반응하기도 한다.

"물론 아이는 우리가 자기를 사랑한다는 것을 알고 있죠."

그러면 나는 항상 되묻는다.

“어떻게 아이가 그것을 알고 있을까요?”

아이들은 부모가 화가 났다는 것과 더 이상 자기를 좋아하거나 사랑하지 않는다는 것의 차이를 잘 구분할 수 없다. 그 차이점을 아이들이 이해하고, 아무런 조건 없이 사랑받고 있다는 것을 알리는 것이 바로 부모의 책임이다.

부모는 아이들에게 다양한 방법으로 이 무조건적인 사랑을 가르쳐 줄 수 있다. 어떤 행동에 대한 인정 여부와 자식에 대한 사랑은 엄연히 다르다는 점을 가능한 한 자주 분명히 해주어야 한다. 특히 어린아이에게는 더욱 이 차이점을 분명하게 말해주어야 한다.

예를 들어, 만약 아이가 상으로 받은 트로피를 깼을 경우 이렇게 말하는 것이 좋다.

“너한테 화가 난 게 아니야. 오랫동안 가지고 있던 트로피가 망가져서 속이 상했을 뿐이야.”

사람이 아니라 행위 그 자체에 대해서만 찬성하거나 혹은 반대한다는 것을 분명히 보여주는 것도 필요하다.

“넌 정말 착한 아이구나.”라든지 “오늘은 정말 한심하구나.” 같은 말은 버릇을 고치는 데 도움이 되지 못하며 사랑과 행동의 인정을 혼동하게 만든다.

"부탁도 안 했는데 설거지를 도와주니 고맙다."라든지 "네가 쓰레기를 치우지 않아서 화가 났다." 같은 말이 보다 효과적이며, 포괄적인 말보다 의미를 분명히 전달한다.

아이들이 그다지 뚜렷이 잘한 일이 없을 때도 아이들에게 사랑한다고 말해주는 것 역시 무조건적인 사랑을 받고 있다고 느끼게 할 수 있다.

이 무조건적인 사랑을 이해하지 못할 때 얼마나 아이에게 상처를 줄 수 있는지를 나는 딸아이의 야구 경기를 구경하면서 깨달을 수 있었다. 상대 팀의 어린 소녀가 동료에게 공을 잘못 던져서 공이 경기장 밖으로 나가버렸다. 상대 팀의 코치는 즉각 휴식을 요청한 다음 그 어린 소녀를 야단치기 시작했다. 그 아이는 당황해하는 모습이 역력했다.

다시 경기가 진행되는 내내, 코치는 점점 더 그 소녀에게 화를 내며 고함을 쳐댔다. 그러다 그 소녀의 이름 앞에다 '바보 같은', '게으른' 따위의 말을 붙이기 시작했다.

경기가 끝나자 코치는 그 소녀를 쳐다보려고조차 하지 않았고, 소녀는 걷잡을 수 없이 흐느껴 울고 있었다. 알고 보니 코치는 바로 그 소녀의 아버지였던 것이다!

소녀는 행동과 성취에 관해 어떤 것을 배웠을까? 이러한 일이 아이의 자부심에 어떤 영향을 주었다고 생각하는가?

다시 말하자면, 사랑이 어떤 조건이 붙어 있다고 비춰질 때 어린아이들은 특히 부정적인 영향을 받게 된다.

약 1년 전 나는 이웃의 생일 파티에 참석한 적이 있었다. 사람들은 모두 거실에 모여 웃거나 농담을 하고 있었다. 주인 부부는 방금 전 세 살배기 아들을 잠자리로 들여보낸 터였다.

한 30분 정도 후, 그 꼬마 녀석이 타박거리며 거실로 내려왔다. 그러자 짜증스런 모습으로 아이의 아빠가 소리를 질렀다.

"잠자리에 꼼짝 말고 있으라고 했잖아!"

꼬마는 재빨리 거실에서 사라졌다.

몇 분 정도 후에 나는 화장실을 가게 되었다. 복도가 꺾어지는 곳에서 꼬마가 쭈그리고 앉은 채 울고 있었다. 왜 우느냐고 묻자 그 꼬마는 부끄러운 듯 눈물 젖은 얼굴을 들어 올리며 내게 물었다.

"아빠가 나를 사랑하나요?"

이러한 예들은 좀 극단적이지만, 무조건적인 사랑을 자식들에게 가르쳐주지 않는 것이 어떤 결과를 가져오는지를 잘 보여주고 있다.

조금 덜한 경우라도 부모의 사랑이 어떤 조건을 전제로 하는 듯이 자녀에게 비춰지는 것은 아이들에게 부정적인 영향을 축적시킬 수 있다.

부모가 무조건적으로 사랑한다는 것을 항상 느끼는 아이들은 점점 더 심리적으로 안정이 되고 높은 자부심을 갖게 된다. 더욱 자신의 가치에 대해 확신을 갖게 되며 자기 내면의 능력에 의존할 수 있게 된다.

반대로 부모의 사랑이 조건을 전제로 한다고 느끼는 아이는 불안정하고 항상 외부의 인정이나 동의를 구하게 된다. 자신의 가치에 대해 외부의 인정을 얻으려 하는 경향은 같은 나이 또래들과의 관계 설정을 더욱 약하게 만든다.

조건이 붙은 사랑을 경험한 아이들은 어른이 되면 거의 강박관념적으로 승진이나 새로운 인간관계 형성을 통해 자신에 대한 인정을 구하려 한다. 그들은 아무리 인정을 받아도 부족한 것처럼 보인다. 아무리 해도 만족스럽지 못한 모습이다. 불행하게도 이들은 자신의 가치를 자신이 성취한 것으로 평가받도록 교육을 받았기 때문이다.

반대로, 무조건적인 사랑으로 충만했던 아이들은 전혀 다른 모습을 갖게 된다. 그들의 편안함, 자신감, 좌절을 참아내는 능력은 쉽게 구별이 된다. 보다 진취적이고 항상 새로운 것을 시도하고자 한다.

어려서 무조건적인 사랑을 받은 성인들은 보다 안정적이고 '덜 소외적'이다. 비판을 잘 견뎌내고, 자기 자신의 가치평가에 있어 타인이 아닌 스스로를 더 신뢰한다.

자녀에게 무조건적인 사랑을 보여준다는 것은 우리 아이들에 대한 훌륭한 투자인 셈이다. 돈이 들지도 않고, 재미있으며, 효과가 아주 큰 그런 투자인 것이다!

# 부정적인 감정을 드러내는 것은 나쁘다

상담을 진행하면서 마주치게 되는 공통적인 문제점 두 가지는 이렇다. 아내들은 남편이 거리감을 느끼게 한다고 불평을 하는 것이고 남편들은 아내가 분노와 불만을 적절하게 표현하지 못한다고 투덜대는 것이다.

이 문제를 좀 더 깊숙이 들여다보면 이런 부류의 사람들은 분노, 실망, 좌절, 슬픔 같은 강렬한 '부정적' 감정을 표현하는 것은 옳지 않다는 강한 믿음을 가지고 있다. 그런 믿음의 결과로 정서적으로 억제되어 있거나 죄책감에 시달리는 성인이 탄생하는 것이다.

20대 후반인 부부가 서로 간에 너무나 상이한 육아 방식에 대해 상담을 하게 되었다.

아내는 두 아들이 자유롭게 감정을 표현하도록 북돋아주는 편이었다. 아이들이 동네 야구경기에서 지고 들어오면 함께 속상함과 실망을 나누었다. 자신의 감정을 제대로 말로 표현하지 못하고 울고 있는 아이들을 안아주었다.

이러한 육아 방식을 남편은 무척 싫어했다.

"애들 좀 그만 나약하게 만들어. 마음먹은 대로 안 될 때 어떻게 대처해야 하는지도 배워야 한다니까."

그는 아들들이 그렇게 '약한' 감정을 드러내는 것을 볼 때면 화가 나고 속이 상하는 것 같았다.

소규모 카펫 제조 공장의 소유주인 남편은 직원들에게 차갑고 무관심한 듯 보였다. 비서가 교통사고로 아들을 잃었을 때 그는 냉담한 태도를 유지하려고 했다. 비서가 감정에 북받쳐 할 때마다 그는 몹시 불편해졌다. 그런 성격을 알기에 아내는 자신의 감정을 드러내야 할 일이 있으면 남편이 아닌 친구나 다른 친척들에게 그렇게 하곤 했다.

남편은 감정을 드러내는 것을 그다지 탐탁하게 생각하지 않는 가정에서 자라났다. 아버지가 공장 감독이고 형제가 여덟 명이었던 그는 아버지와 함께 할 수 있는 시간이 별로 없었다. 엄격한 원칙주의자였던 그의 부친은 집에 있을 때는 대개 피곤하고 귀찮아하는 모습이었다. 그의 부친은 인생이란 힘들고, 원칙을 지키며 살아야 하는 것으로 생각하고 있었다. 따라서 그는 자신의 아이에게 이러한 인생을 이겨나갈 수 있도록 '강인'하기를 요구했다.

자녀의 마음에 '부정적인 감정을 드러내는 것은 나쁘다'라는 심리적 지뢰를 심어주는 부모는 대개 스스로가 감정을 나타내는 것을 불편해하고 그런 이유로 아이들에게 적절한 본보기를 제시해 주지 못하는 사람들이다. 감정을 적절하게 표현하고 대응할 줄 모르는 그들의 그런 결점이 불행하게도 아이들에게 전파가 되는 것이다. 그들은 또한 아이들의 감정 상태를 무디게 만듦으로써 분노나 공포를 표현하지 못하도록 하기도 한다.

"울지 마라."라든지 "화내면 안 돼." 같은 말은 일반적인 감정 표현을 금지하고 있다. 원래 아이들은 울기 마련이고 화를 낸다는 것은 정상적이고 건강한 것이다.

"걱정하지 마. 잘할 수 있을 거야." 같은 조심스런 표현도 마찬가지다. 부모가 이런 식으로 말을 하게 되면 아이는 자신이 어떤 기분을 느낄 권리가 없다고 생각하거나 또는 자신의 감정은 중요한 것이 아니라는 생각을 갖게 된다.

아이의 기분을 좋게 해주려는 나머지 부모는 가끔 의식하지 못한 채 아이의 감정을 무시해 버리곤 한다.

열네 살 딸과 엄마의 예를 보자. 어느 날 오후 딸은 화가 많이 난 채 학교에서 집으로 왔다.

**엄마**  무슨 일이니? 화난 것 같구나.

**딸**  (울기 시작하며) 엄마, 남자친구가 이제 나랑 더 이상 친하게 지내지 않겠대. 걔는 바보 같은 다른 여자애가 좋대.

**엄마**  (딸의 어깨에 팔을 두르고, 입가엔 엷은 미소를 지으며) 속상해하지 마. 엄마는 그 애가 맘에 썩 들지 않았어. 금방 또 다른 남자친구를 사귈 거야.

불행하게도, 그녀는 서둘러 딸을 달래 주다가 딸에게 남자친구가 떠나가 버린 것을 슬퍼해서는 안 된다는 느낌을 주게 된 것이다. 사실 남자친구가 가 버렸을 때 슬퍼하는 것은 아주 자연스런 반응이다. 엄마는 딸을 달래기 전에 먼저 딸의 감정을 인정했어야 했다.

모든 사람은 다양한 감정을 가지고 있다. 즐거운 감정도 그렇지 않은 감정도 있다. 분노나 공포 같은 강한 '부정적'인 감정을 느끼는 것도 당연하고 자연스런 일이다.

나는 이러한 사실을 대학원에서 배웠다. 대학원에 가자 갑자기 여러 다양한 사람들을 만나게 되었는데 그들에게는 두드러진 공통점이 있었다. 모두 굉장히 똑똑하다는 점이었다. 자기가 무엇을 하고 있는지 정확히 알고 있는 것 같았고 아주 능숙하게 일상의 일들을 해나가는 것 같았다.

이런 냉정하고 침착한 태도는 특히 한 친구가 두드러졌다. 그녀는 한 치의 오차도 없이 어떤 문제라도 처리해내는 것처럼 보였다. 반면에 나는 그녀와 다른 학생들이 나를 항상 조마조마한 모습으로, 마치 가짜 학생인 양, 거기에 전혀 어울리지 않는 사람으로 생각하고 있다고 느꼈다.

나는 그녀와 다른 학생과 같이 대학원 사무실을 사용하게 되었다. 그렇게 같은 사무실을 쓰게 된 지 약 2주일이 지났을 때 그녀가 갑자기 나에게 말했다.

"넌 어떻게 그럴 수 있지? 항상 하고 있는 일에 대해서 잘 알고 있고 뭐든지 척척 잘하는 것 같아."

내가 얼마나 놀랐을지 상상할 수 있는가! 바로 그 순간 나는 깨달았다. 사람들은 모두 두려움을 느끼고 불안해한다는 것을.

우리가 부모로서 해야 할 일은 아이들에게 그들이 원하는 대로 느낄 권리가 있으며 어떠한 느낌도 아주 지극히 자연스럽다는 것을 알려주는 것이다. 부정적이라 볼 수 있는 감정 또한 누구나 느낄 수 있는 것이다.

단지 느낌을 표현하는 데 있어서 적절하거나 적절하지 못한 방법이 있을 뿐, 어떠한 느낌도 아주 정상적이고 건강한 것이다. 자신의 감정에 대해 불편해하지 않을수록 우리 아이들은 장래 맺게 될 인간관계에서 더 편안하고 남을 배려할 수 있게 되는 것이다.

# 모두 다 나를 좋아해야 해

한 20대 중반의 매혹적인 여성은 최근 소개팅을 하면서 겪은 이야기를 울면서 들려주었다.

소개팅한 남자는 그녀를 차에 태운 다음에 갑자기 데이트 계획을 바꿔 버렸노라고 선언을 했다. 저녁을 먹을 때 그는 상의도 하지 않고 음식을 주문했고 또 양해를 구하지도 않고 담배를 피워댔다. 또 데이트 시간의 대부분 동안 그는 휴대폰으로 통화를 해댔고 나머지 시간은 자기 자신에 대해서만 떠들어댔다.

당연히 그녀는 끔찍한 데이트를 한 셈이었다. 그러나 그녀가 울면서 이야기를 하는 이유는 다름 아니라 그 남자가 다시 만나자는 애프터 신청을 안 했기 때문이었다. 그녀는 자기가 무엇을 잘못했는지 의아해했다!

한 남자가 어느 날 오후 요란스럽게 나에게 전화를 했다. 그는 숨 가쁘게 직장에서 일어났던 일을 설명했다.

동료와 함께 수행하던 프로젝트를 완료하여 보고하기 전날 아침 그는 동료가 맡아서 하던 일의 일부분이 없는 것을 발견하였다. 그가 이 사실을 지적하자 동료는 화를 내며 그에게 비난을 퍼부었다.

그는 분명히 자신이 옳았지만 걱정스럽고 후회스러운 마음이 들었다. 왜냐하면 동료가 화를 낸 것은 '분명히' 자기가 뭔가를 잘못했기 때문이니까.

두 사람의 이야기에는 공통점이 있다. 자신의 마음을 편안하게 하기 위해서 타인의 인정을 필사적으로 구하고 있었다. 외부의 인정을 얻기 위해서라면 그들은 기꺼이 자신의 동기, 기분, 행위에 대해 의문을 던질 준비를 하고 있었다. 자신에게 만족하기 위해 타인에게 의존하고 있는 것이다.

어린 시절, 우리는 다른 사람들과 잘 지내도록 자연스럽게 가르침을 받는다. 부모나 교사, 또 다른 권위 있는 사람의 뜻에 따라야 한다는 강력한 메시지를 받게 된다. 또한 우리는 같은 또래와 잘 어울려서 놀고 가능한 한 싸움은 피하도록 교육을 받는다.

우리 사회에서 여자아이들이 이러한 메시지에 특히 약하다. 우리들은 판에 박힌 듯한 성의 역할 차이를 최소화하려고 하지만, 여자아이와 남자아이에게 전하는 메시지에는 엄연하게 차이점이 존재한다.

부모는 남자아이에게는 경쟁심과 성취욕을 강조하는 경향이 있다. 반면 여자아이에게는 좀 더 싹싹하고 자상해야 한다고 말한다. 성차별을 피하려고 애쓰는 부모조차 이런 경향을 보일 때가 있다.

"그게 뭐가 문제입니까? 좋은 아이가 되라고 가르치는 게 뭐 잘못됐나요? 아이들에게 사이좋게 지내라고 가르치면 안 되는 건가요?"

물론 그렇게 가르쳐야 한다. 아이들에게 사이좋게 지내고 필요할 경우 권위에 따르도록 가르치는 것은 중요하다. 그러나 그러한 가르침이 거기에서 멈춰 버릴 때 문제가 발생한다. 타인과 사이좋게 지내야 하는 것과 함께 때론 갈등이 불가피하며 당연하다는 것을 균형 있게 가르쳐 주는 것이 중요하다.

나아가 아이들은 자신의 감정을 어떻게 적절하게 표현할 것인지, 또 그런 표현에 대해 자신감을 갖는 법을 배워야 한다.

모든 사람을 기쁘게 해줘야 한다는 생각을 가지고 성장하는 어린이는 자기 회의와 걱정으로 가득 차게 된다. 자기의 가치에 대한 느낌이 전적으로 타인의 손아귀에 들어가게 되는 것이다.

'네가 나를 좋아하면, 나는 괜찮은 거야.'

'네가 나를 싫어하면 뭔가 내게 문제가 있는 거야.'

이렇게 자신의 가치를 타인의 의견에 따라 평가하는 어린이나 성인은 남을 악용하는 인간관계나 동료의 압력이 있는 상황에서 쉽게 상처를 받는다.

모든 사람을 기쁘게 할 수 없으며 그렇게 해서도 안 된다는 것을 아이들이 알게 함으로써 이 심리적 지뢰를 피하도록 할 수 있다. 부모는 자녀에게 때론 갈등이 불가피하며, 상대방의 의견을 경청해야 하지만 자신의 의견이 옳다고 생각될 때는 그 의견을 고수해야 한다는 것을 가르쳐 주어야 한다.

이따금 자녀가 부모와 의견을 달리하는 것을 허용해 줌으로써 우리는 아이들에게 서로 의견이 다를지라도 그들의 감정과 욕구가 중요한 것이라고 가르쳐줄 수 있다.

최근 한 친구가 처했던 상황이 좋은 예가 된다.

그에게는 열한 살짜리 아들이 있는데 요즘 한창 유행 중인 운동기구를 사는 걸 허락해 달라고 졸랐다. 친구들은 벌써 여러 명이 구입을 했다는 것이다.

그가 망설이는 데는 이유가 있었다. 운동기구는 아들이 저금해 놓은 용돈으로 사게 될 터였지만 분명 아이는 운동기구에 금세 싫증을 내고 자신의 용돈을 쓴 것을 후회할 것이 분명했다. 그는 아들에게 자신의 생각을 설명했지만 아이는 막무가내였다.

그는 경험으로 터득한 기술을 써 보았다. 아들의 요구를 들어주지 않고 시간을 질질 끄는 것이다. 그러나 몇 주가 지나도 아들의 생각은 변함이 없었다. 오히려 용돈을 더 모으려고 이런저런 심부름까지 마다하지 않았다.

마침내 그는 양보를 하고 아들에게 말했다. 그토록 간절히 원한다면 스포츠 상점에 데려가겠노라고. 아들이 아빠를 바라보면서 물었다.

"지금은 그걸 사는 게 옳다고 생각하는 거예요?"

그는 현명하게 대답했다.

"아니. 아빠 생각은 아직 그대로이지만 네가 그토록 원하는 것 같으니 아빠는 네가 스스로 결정하도록 하는 거야."

이런 작은 문제에 아들이 스스로의 의견을 호소할 기회를 줌으로써 비록 자신의 의견과는 달랐지만 아들의 의견도 가치가 있다는 것을 알려준 것이다. 그러한 그의 결정은 분명히 아들을 보다 자신감 있고 스스로 일처리를 해나갈 수 있는 성인으로 만들고자 하는 깊은 뜻에서 비롯되었을 것이다.

아이들이 자기 자신의 의견과 믿음을 신뢰하는 데 힘을 실어줌으로써 우리는 아이에게 또래로부터 받게 되는 압력을 견디는 힘을 길러 줄 수 있다. 이러한 것을 배운 10대는 친구들이 수업이 끝난 다음 마리화나를 피우자고 할 때 거절할 가능성이 크다. 반대되는 의견 앞에 당당히 마주 서는 것을 배운 사춘기 소녀는 아직 준비가 안 된 상태에서 억지로 성관계를 하게 될 가능성이 적을 것이다.

# 실수를 하거나 도움을 청하는 것은 잘못된 일

내가 어린 시절 실수를 저지르는 것에 대해 배우게 된 것은 저녁 식탁에서 형제 중에 누군가가 우유를 흘렸을 때였다. 매우 엄격한 사람이었던 나의 계부는 즉시 벌떡 일어나 실수를 한 아이가 저절로 주눅이 들 정도로 고함을 치곤 했다. 그 사소한 일은 엄청난 범죄의 상태로까지 변형되어, 불쌍한 꼬마는 죄책감을 느끼며 금방이라도 눈물이 굴러떨어질 지경이 되었다.

그때 실수를 저지른다는 것에 관한 강력한 메시지가 우리 집안의 아이들에게 각인이 된 것이다. 실수는 어떤 대가를 치르더라도 피해야 하고 만약 실수를 저질렀으면 재빨리 덮어야 한다는 것이다.

아마도 이런 영향을 받았기 때문인지 나는 딸아이가 실수로부터 교훈을 얻도록 하려고 많은 애를 썼다. 만약 실수에 대해 필요 이상의 창피함이나 죄책감을 느끼지 않는다면 값진 교훈을 얻을 수 있는 것이다.

실수를 한다는 것은 인간적인 조건의 일부이며 가까운 장래에는 변하지 않을 분명한 사실인 것이다. 실수란 자연스러운 것이며 피할 수 없다는 것을 이해하고 있는 어린이는 보다 더 자기를 받아들일 수 있을 것이다. 그것이 인생을 살면서, 시행착오를 저질렀다는 이유로 자신을 비난하는 자기 패배적인 성향을 피해갈 수 있을 것이다.

한 어머니는 어느 날 아홉 살짜리 딸을 잠자리에 눕히다 이 교훈의 중요함을 배우게 되었다. 아이는 잠자리에 들다가 갑자기 엄마를 쳐다보며 울음을 터뜨렸다.

엄마가 놀라 왜 그러느냐고 묻자 아이가 말을 꺼냈다.

"엄마, 난 바보예요. 오늘 수학 시험을 망쳤어요."

어린 딸애의 얼굴에 나타난 표정은 고뇌 그 자체였다.

조심스레 안아서 달래자 아이는 모든 것을 털어놓기 시작했다. 아이는 평소 우등생이었는데 이번에는 시험 범위를 착각해 시험을 망쳐 버린 것이었다.

엄마는 딸의 실수를 나무라는 대신 사람은 모두 실수를 하는 법이라는 것을 확실히 일러주었다. 그런 다음 실수를 되풀이하지 않기 위해서 해야 할 일이 무엇인지를 딸에게 물었다. 아이는 앞으로는 수다를 덜 떨고 과제에 대해서 더욱 신경을 쓰겠다고 다짐하고 한결 마음이 가벼워져서 이불 밑으로 기어 들어갔다.

방을 나가기 전에 엄마가 물었다.

"만약에 공부해 간 범위에서 시험 문제가 나왔더라면 어떻게 봤을 것 같니?"

이불 사이로 아이가 조그맣게 대답했다.

"물론 일등을 했겠죠."

실수란 일어날 수 있으며 그 실수에서 배울 수 있다는 사실을 강조함으로써 엄마는 딸에게 앞으로도 겪을 수 있는 실망에 잘 대처하도록 준비시킨 것이다. 인간이면 그럴 수 있는, 실수를 저지른 사실을 인정하고 그것으로부터 교훈을 얻도록 함으로써 이 현명한 어머니는 자녀가 자기 자신에 대해 긍정적으로 생각하고 더 나아가 자신감을 키울 수 있도록 도와준 것이다.

이 개념과 밀접한 관련이 있는 것이 도움을 청하는 것은 무능하고 나약함을 드러내는 것이라는 생각이다. 아이들이 스스로 일을 처리할 수 있고, 독립적인 성인으로 성장하는 것을 돕고자 하는 나머지 우리들은 은연중에 아이들에게 '나는 이 일을 스스로 해야만 해.'라는 심리적 지뢰를 심어줄 수 있다.

요즘처럼 복잡한 세상에서 다른 사람들의 도움 없이 완전히 독립적으로 살아갈 수 있는 사람은 드물다.

나의 남동생은 식당과 나이트클럽 여러 곳을 운영하고 있다. 어느 날 우리는 곧 개장할 식당에 대해 의논을 하고 있었다. 개업에 관련되어 그렇게 수많은 크고 작은 일들이 걸려 있는 것을 보고 놀라고 말았다. 허가, 면허, 거래처 등등 모두 다 골치 아픈 것들이었다. 게다가 동생은 직원들, 서류, 주식, 건물 등에도 신경을 써야 했다. 나는 놀란 채로

그 장황한 목록들을 듣다가 동생의 말을 막고 이렇게 묻고
말았다.

"세상에 어떻게 이 일들을 모두 처리할 수 있지? 너무 무
리하는 것 같은데……."

동생은 어리둥절한 표정으로 대답했다.

"물론 내가 다 할 수는 없지. 대신 일을 처리할 사람을 구
할 수는 있지."

그는 자신의 한계와 언제 도움을 청하느냐를 아는 것이 실
생활에 유용한 기술임을 터득하고 있었던 것이다.

부모는 집 안에서 편안하고 협조적인 분위기를 만들어 줌
으로써 아이들이 이러한 기술을 개발하도록 할 수 있다. 아
이가 어떤 질문을 하면 부모는 항상 그러한 질문 자체를 환
영하며 진지하게 생각한다는 것을 확실히 보여 주어야 한
다.

"그래, 좋은 질문이구나. 같이 생각해 보자." 같은 말은 아
이들에게 편안한 기분을 강화시키고 탐구심과 호기심을 촉
진시킬 수 있다.

이와 같은 협조적인 분위기가 집 안에서 이루어진다면, 아

이들은 집 밖의 관계에서도 이런 자신감과 편안함을 적용할
수 있을 것이다.

 부모가 아이들에게 상황을 판단하여 필요할 경우 도움을
청하도록 가르친다면 그것이 바로 아이들이 성공할 수 있는
가능성을 넓혀 주는 것이다. 예를 들면, 반에서 질문하는
것을 두려워하지 않는 아이는 더 좋은 점수를 얻을 수 있을
것이다. 이와 같은 값진 기술을 배움으로써 아이들은 자신
의 목적을 이루기 위해 다양한 자원들을 끌어들일 수 있는
방법을 알게 된다.

 궁극적으로 아이들은 소외감이나 고독감을 덜 느끼게 되
며, 자신감과 자신의 능력에 대한 인식을 빠르게 키워 나갈
것이다.

**심리적 지뢰**란 부모가 아이들에게 전하는 건강하지 못한 메시지를 말한다. 이 경우 아이들이 자라서 부정적이며 자기 파괴적인 성향을 갖게 된다.

**피해야 할 심리적 지뢰는 다음과 같다.**

-나는 매사에 완벽해야만 한다.

-결과가 바로 인격이다.

-부정적인 감정을 드러내는 것은 나쁘다.

-모두 다 나를 좋아해야 해.

-실수를 하거나 도움을 청하는 것은 잘못된 일.

## 1장 묻고 답하기

다음의 문장을 읽고 어떤 심리적 지뢰와 관련이 있는지 찾아보라.

1. "정말 잘했구나. 성적이 우수하네. 널 정말 사랑한다."

A. 나는 매사에 완벽해야만 해.

B. 결과가 바로 인격이야.

C. 부정적인 감정을 드러내는 것은 나쁜 거야.

D. 모두 다 나를 좋아해야 해.

E. 실수를 하거나 도움을 청하는 것은 잘못된 거야.


2. "피아노를 연습하는 게 얼마나 힘든지 알지. 하지만 나도 했으니 너도
할 수 있어."

A. 나는 매사에 완벽해야만 해.

B. 결과가 바로 인격이야.

C. 부정적인 감정을 드러내는 것은 나쁜 거야.

D. 모두 다 나를 좋아해야 해.

E. 실수를 하거나 도움을 청하는 것은 잘못된 거야.


3. "네가 어제 다른 아이와 놀았다고 이제 친구가 너와 놀지 않겠다고 했
다고? 그럼 가서 미안하다고 사과해. 친구가 너한테 화를 내는 것을 원
치 않지? 그렇지?"

A. 나는 매사에 완벽해야만 해.

B. 결과가 바로 인격이야.

C. 부정적인 감정을 드러내는 것은 나쁜 거야.

D. 모두 다 나를 좋아해야 해.

E. 실수를 하거나 도움을 청하는 것은 잘못된 거야.

4. "할아버지는 장난감 조립하는 걸 도와줄 수 없단다. 네 아빠도 혼자서 조립하도록 키웠단다. 그래서 네 아빠가 어른이 될 수 있었지."

A. 나는 매사에 완벽해야만 해.

B. 결과가 바로 인격이야.

C. 부정적인 감정을 드러내는 것은 나쁜 거야.

D. 모두 다 나를 좋아해야 해.

E. 실수를 하거나 도움을 청하는 것은 잘못된 거야.


5. "불안해하지 마라. 넌 내일 틀림없이 시험을 잘 볼 거야."

A. 나는 매사에 완벽해야만 해.

B. 결과가 바로 인격이야.

C. 부정적인 감정을 드러내는 것은 나쁜 거야.

D. 모두 다 나를 좋아해야 해.

E. 실수를 하거나 도움을 청하는 것은 잘못된 거야.


6. 아이들에게 심리적 지뢰를 심어주는 것을 피할 수 있는 가장 좋은 방안은 무엇인가?

A. 청소년 교육 프로그램을 열심히 본다.

B. 불가피한 경우에만 아이들의 버릇을 고쳐주려고 해 본다.

C. 자기 자신과 아이들을 키우는 방식에서 심리적 지뢰를 찾아낸다.

7. 아이들이 부모는 어떤 일이 있어도 자신들을 사랑한다고 생각하는 것과 관련된 중요한 개념은 무엇인가?

A. 관점의 이동

B. 무조건적인 사랑

C. 짝사랑

## 답

1번 문제의 답은 B이다. 이와 같은 말은 아이를 사랑하는 것은 아이가 얼마나 공부를 잘하느냐는 것에 좌우된다는 의미를 포함하고 있다.

2번 문제의 답은 A이다. 이 말은 만약 아이가 피아노를 싫어하고 제대로 하지 못하면 그 아이에게 문제가 있다는 의미를 내포하고 있다.

3번 문제의 답은 D이다. 이러한 반응은 친구가 화를 낸 이유가 아이가 뭔가 잘못했기 때문이라는 느낌을 주고 있다.

4번 문제의 답은 E이다. 할아버지는 손자에게 도움을 청하면 '사내답지 못한' 어른이 될 거라고 말하고 있는 셈이다.

5번 문제의 답은 C이다. 아이는 큰 시험을 보기 전에 불안해하는 것은 비정상적이라는 생각을 갖게 된다.

6번 문제의 답은 C이다. 만약 부모가 자신이 가지고 있는 비이성적인 생각을 알게 된다면 이러한 생각을 아이들에게 심어 주지 않기 위해 더욱 세심하게 마음을 쓰게 된다.

7번 문제의 답은 B이다. 무조건적인 사랑을 통해 아이들은 어떤 시점에서 어떤 행동을 했는가와 무관하게 자신들은 항상 가치가 있는 존재라는 것을 배우게 된다.

# 부정적 행동의 강화

**모든 아이는 관심을 원한다.** 잘못된 행동이 아니라 올바른 행동을 할 때 관심이라는 보상을 주어라. 포괄적인 칭찬이 아니라, 특정한 행동에 대해서 보상을 하라.

아이들은 모두 관심받기를 원한다는 사실을 기억하라. 아이는 부모의 긍정적인 관심을 받아야 잘 성장할 수 있다. 그러나 또한 부정적인 관심으로도 성장한다.

아이들은 칭찬해 주는 부모를 사랑한다. 그러나 또한 아이들은 완전히 자신을 무시하는 부모보다는 야단치거나 잔소리하는 부모를 원한다. 아이들은 무시당하는 것을 싫어한다.

불행하게도, 부모는 일상사에 얽매인 나머지 자녀가 잘 해 나가고 문제가 없을 때는 칭찬해 주는 걸 잊는다. 아이에게 문제가 생겨야 비로소 관심을 쏟아붓는 것이다. 이는 결과적으로 아이들에게 부모의 관심을 얻으려면 잘못된 행동을 하라고 요구하는 셈인 것이다.

　많은 부모가 자녀들이 이런저런 잘못된 행동을 저지르고 있다고 불평을 털어놓는다. 자세히 그 내막을 들여다보면 이러한 문제는 자녀의 잘못된 점에만 관심을 기울이는 부모 때문에 생기는 경우가 많다. 결과적으로, 부모는 자신도 모르는 사이에 자녀의 잘못된 행동을 강화시키는 것이다.

# 관심과 칭찬이라는 보상

두 아이를 둔 부모가 있다. 첫째는 두 살배기 남동생과 자주 싸우는 것 같았다. 부모는 항상 첫째에게 동생을 건드리지 말고 '사이좋게 놀라'고 주의를 주곤 했다. 첫째의 행동이 나아지지 않자 부모는 말로 타이르기도 하고 매질도 했지만 아이는 막무가내였다. 크게 낙담한 부모는 첫째에게 소리를 지르고 자기 방으로 쫓아버리곤 했다.

어린 동생에게 부모의 사랑을 빼앗겨 버렸다고 느낀 첫째는 부모의 관심을 어떻게 하면 받을 수 있는지 알기에는 너무 어렸다. 그렇지만 동생을 괴롭히면 원하던 부모의 관심을 받을 수 있다는 사실만은 알고 있었다.

성공적인 부모가 되려면 아이들의 긍정적인 행동을 파악하고 관심과 칭찬이라는 보상을 하는 법을 배워야 한다. 간단한 이야기처럼 들리겠지만, 긍정적인 행동을 파악하고 보상하는 것에는 상당한 노력이 필요하다.

'달리는 말에는 채찍질을 하지 않는다' 라는 함정에 빠져 아이들이 올바르게 행동할 때 침묵하고 있기가 훨씬 쉬운 법이다.

앞서 예의 경우, 어린 동생을 괴롭히는 첫째의 문제는 아주 쉽게 해결되었다. 나는 그 부모에게 첫째가 동생을 괴롭히지 않을 때 관심을 보이라고 일러 주었다. 부모는 첫째에게 동생과 잘 놀아 주었다든지, 아주 사랑한다든지 하는 식으로 칭찬을 해주었다. 그 부모는 그들의 관심을 아이가 행동을 잘못했을 경우에서 잘하는 경우로 바꾸는 법을 배워야 했던 것이다. 일주일 만에 아이의 행동은 눈에 띄게 향상되었다.

인턴 시절, 나는 주립 병원의 10대 전문 병동에 근무했었다. 10대 환자들은 입원하게 되면 1단계에 수용되었다. 만약 처방을 잘 따르게 되면 2단계와 3단계로 오르게 되고 마침내 4단계가 되면 퇴원할 수 있다. 단계가 높아질수록 누릴 수 있는 권리도 많아진다. 주말 외출, 자유 시간, 구내매점에서 사용할 수 있는 쿠폰 등.

내가 처음 병동에 배치되었을 때는 대부분의 환자가 1단계와 2단계에 몰려 있었다. 소수의 환자만이 3단계와 4단계였다. 며칠 지나지 않아 그 원인을 파악할 수 있었다.

매일 아침 의료진들은 전날 파악한 환자 개개인의 상태에 대해 회의를 했다. 그리고 10대 환자들을 그 회의에 부르곤 했다. 의료진은 주로 잘못된 행동을 저지른 환자들에 대해 대부분의 시간을 할애하곤 했다.

올바르게 행동을 하고 병동의 규칙을 잘 따르는 환자들에게는 잠깐 '계속 잘하도록' 하는 말을 건네고는 이내 관심을 다른 환자에게 돌리는 것이다.

나는 올바른 행동을 한 환자에게도 보상을 해주자고 제안했다. 병원의 처방에 잘 따르는 환자에게도 문제를 일으키는 환자와 적어도 같은 시간을 할애해 주자는 것이었다. 2

주일 내에 환자의 60퍼센트가 3단계와 4단계로 올라갔다. 극적인 향상이었다. 바뀐 것이라고는 관심의 초점이 부정적인 행동에서 보다 긍정적인 것들로 약간 옮겨진 것뿐이었다.

긍정적인 행동을 보상해 줌으로써 엄청난 효과를 얻을 수 있다. 효과를 높이기 위해서는 부모는 포괄적으로 칭찬하기보다 어떤 특정한 행동에 대해서 칭찬을 해야 한다.

"오늘 정말 착하구나."라고 말하기보다 "손님을 맞으러 나가 주어서 고맙구나." 같은 말이 훨씬 효과적이다.

한 어머니가 열두 살짜리 아들의 문제로 상담을 하러 왔다. 아이는 학교에서 돌아오면 거실에 책가방, 신발, 웃옷 따위를 그냥 던져놓는 골치 아픈 버릇이 있었다. 어머니는 아이를 말로 달래고, 야단도 치고, 벌을 주기도 했지만 아무 소용이 없었다. 아이는 계속해서 자기의 물건들을 내던져 두고 있었다.

실제로 어머니는 아들의 부적절한 행동에 관심이라는 보상을 주고 있던 셈이었다.

실의에 빠져 있던 어머니는 나의 권고에 따라 아이가 자신의 물건을 자기 방으로 가져가는 때를 기다리기 시작했다. 이런 경우에는 긍정적인 행동이 극히 드물지만 전혀 발생하지 않는 것은 아니다.

그때를 기다리며 어머니는 그저 묵묵히 아들의 물건을 챙겨 쉽게 꺼내오기 힘든 장소에 가져다 두었다.

며칠이 지나자, 아이가 거실에 아무것도 던져놓지 않은 때가 '찾아왔다.' 어머니는 아이 방으로 올라가 가볍게 안아주면서 참 착하다고 칭찬을 해주었다. 아이는 처음에는 의외인 듯 놀라는 것 같더니 이내 자랑스럽고 뭔가를 해냈다는 듯한 얼굴이 되었다.

자신의 방에 자기 물건을 가져간 것에 대해 긍정적인 관심을 얻음으로써 아이는 계속해서 그와 같은 행동을 하려고 했다. 어머니는 때때로 아이를 칭찬해 주는 것을 지금도 잊지 않고 있다.

또 다른 예로, 학교에 물건을 자주 두고 오는 어린아이가 있었다. 이 아이는 숙제를 잊어버리거나, 책 혹은 책가방을 학교에 놓고 오곤 했다.

부모는 자식 걱정에 아이에게 무슨 문제가 있는지 확인하고 싶다며 진단을 받고 싶어 했다.

진단 대신에 나는 부모에게 다른 제안을 했다. 아이가 아무것도 잊어버리지 않고 오는 날을 기다려 보라고 이야기했다. 그때가 되면 아이에게 부모가 얼마나 기쁜지, 책임감이 있다고 생각하는지를 말해 주도록 했다. 만약에 두 번 연이어 아무것도 잊지 않고 오면 아이스크림 가게로 데려간다든지 하는 실제적인 보상을 해주도록 했다. 이 방법으로 아이는 일주일 내에 괄목할 만한 발전을 이루었다. 물론 아이에게는 아무런 심리적 문제가 없었기에 진단을 내릴 필요도 없었다.

아이들은 어떤 과제를 수행하는 데 필요한 기술이나 지식을 가지고 있지 않은 경우가 있다. 이와 같은 경우, 어떻게 아이들에게 보상을 해줄 수 있을까?

그래서 때로는 점진적으로 조금씩 보상을 해줘서 원하는 과제를 수행할 수 있는 능력을 키워 줄 필요가 있는 것이다. 예를 들어 나는 딸아이에게 네 살 때부터 잠자리를 정돈하는 법을 가르치고 싶었다.

우선 아이에게 어떻게 잠자리를 정돈하는지를 보여주고

그 다음 날 아침에 한번 해 보도록 했다.

다음 날 아이는 이부자리를 절반쯤 개어 침대에 정돈해 놓았다.

"처음 한 것치곤 잘했다. 네가 자랑스러워. 내일은 이부자리를 전부 다 접어두는 게 어떻겠니?"

나는 다시 한번 제대로 시범을 보여 주었다.

그다음 날 아이는 나를 자기 방으로 데리고 가서 얼마나 솜씨가 늘었는지 열심히 보여 주었다. 나는 아이를 칭찬하고 다음에는 베개도 가지런히 침대 위에 놓아두라고 가르쳐 주었다.

다음 날 아이는 정말 신이 나서 잘 정돈된 침대를 내게 자랑했다! 물론 나는 아이에게 잘했다고 칭찬해 주고 그렇게 열심히 노력한 것이 얼마나 자랑스러운지 말해 주었다.

이제 딸아이는 아주 능숙하게 잠자리를 정리하고 있고 때로는 나의 서투른 솜씨를 놀리곤 한다.

부모는 부정적인 행동을 '하지 않음'을 강화시켜야 할 경우도 있다. 아이가 적절하지 못한 행동을 보이는 경우에 부모는 그런 행동을 하지 않는 것에 대해 칭찬을 해주어야 한다는 것이다.

어린아이들을 키우는 부모들 대부분은 전화를 할 때 아이가 얼마나 귀찮게 하는지 경험으로 잘 알고 있을 것이다. 나의 딸아이도 예외가 아니었다. 내가 전화를 끊을 때까지 얌전히 있으라고 말을 하면 할수록 더욱 막무가내로 행동했다.

얼마 지나지 않아 내가 아이의 잘못된 행동에 관심이라는 보상을 해주고 있음을 깨닫고 뭔가 다른 방법을 취해야 한다는 생각이 들었다.

불과 며칠 지나지 않아 멋진 기회가 찾아왔다.

어느 날 저녁, 나는 전화를 받으면서 딸아이가 근처에서 장난감을 가지고 놀고 있는 것을 보았다. 전화는 잘못 걸려온 것이었고 금방 끊었기 때문에 아이가 미처 방해할 만한 시간이 없었다.

나는 그 기회를 이용해 아이를 칭찬해 주었다.

"아빠의 통화를 방해하지 않았구나. 정말 고마워."

아이는 어리둥절해하다가 금방 환한 웃음을 띠었다. 마치 "아, 내가 그랬어요. 그렇죠?"라고 말하는 것처럼.

같은 날 저녁, 그 일이 있은 지 얼마 지나지 않아 전화가 다시 울렸다. 내가 전화를 받으려고 하자 아이가 따라왔다. 놀랍게도 아이는 내가 45분 동안 통화를 하는 내내 나의 무릎을 밴 채 얌전하게 있었다. 전화를 끊자마자 아이는 머리를 번쩍 들고 자랑스럽게 외쳤다.

"아빠, 내가 자랑스럽죠? 아빠가 통화를 하는 동안 내가 귀찮게 안 했잖아요!"

나는 아이를 껴안은 다음 얼마나 기쁜지 모르겠다고 말해 주었다. 아이가 한 일을 대단한 것으로 취급해 주자 아이의 행동이 바뀐 것이다.

나는 지금도 내가 전화를 할 때 아이가 얌전히 있는 것에 대해 가끔씩 칭찬해 주는 것을 잊지 않고 있다.

올바른 행동을 하면 부모의 관심을 얻을 수 있다는 사실을 알게 하는 것이 아이들의 바람직한 행동을 키우고 적절하지 못한 행동을 줄이는 가장 좋은 방법이다. 이렇게 하는 것이 아이들이 잘못 행동했을 때만 관심을 기울이는 것보다 훨씬 효과적이다.

이러한 접근 방식은 또한 아이들에게 자신의 능력과 자신감, 자기 가치에 대한 의식을 키워준다. 아이들에게 잘하고자 하는 동기도 부여한다.

어느 날 아이가 성적표를 가지고 왔다고 하자. 다섯 과목 중 네 과목의 성적은 우수한데 한 과목의 성적이 부진하다. 이때 부모는 잘한 과목에 대해서 혹은 못한 과목에 대해서 이야기하는 두 가지 선택을 할 수 있다.

부모가 부진한 과목에 대해서만 이야기한다면 아이는 수치와 실패감을 키우게 된다. 그렇게 된다면 다음 학년에서 더 잘하도록 동기를 부여할 수 없을 것이다.

**아빠**　성적표 좀 보자.

**아들**　(아빠에게 성적표를 건네며) 수학만 빼고 잘 봤어요.

**아빠**　그래, 그렇지만 수학 점수가 왜 이러니? 아빠가 매일 저녁에 숙제를 해야 한다고 했잖아. 숙제에 좀 더 신경을 쓰고 게임을 조금만 덜했으면 수학 점수도 잘 나왔을 텐데.

**아들**　하지만 아빠…….

**아빠**　변명은 듣고 싶지 않아. 이제 변화가 필요한 것 같다. 성적이 올라갈 때까지 게임은 안 하는 거다. 알겠지?

**아들**　네…….


보다 효과적인 방법은 잘한 과목을 칭찬한 다음, 수학 과목에 대해 어떤 도움이 필요한지를 묻는 것이다.

그러면 아이는 보다 자신이 생기고 더 잘해야겠다는 동기 부여가 될 것이다. 아이가 수학 과목의 성적을 올리기 위해 더 노력하고(왜냐하면 수학이 부진한 데 대해 부모가 커다란 관심을 보였으므로) 필요하다면 도움을 청할 가능성이 훨씬 커지는 것이다.


**아빠**　성적표 좀 보자.

**아들**　(아빠에게 성적표를 건네며) 수학만 빼고 잘 봤어요.

**아빠**　정말 그렇구나. 두 과목은 성적이 올랐구나. 정말 대견하다.

**아들**　(웃으면서) 고마워요, 아빠.

**아빠**　수학에 약간 문제가 있는 것 같은데 아빠가 도와줄까?

**아들**　괜찮아요. 나눗셈을 배울 때 잘 따라가지 못했어요. 그래서 두 문제를 틀렸어요.

**아빠**　지금은 할 수 있니?

**아들**  음…… 그렇다고 생각은 하는데, 확실하게 자신은 없어요.

**아빠**  이렇게 하자. 다음 주에 아빠가 조금 가르쳐 주면 안 될까? 그러면 성적을 올릴 수 있을지 확실하게 알 텐데.

**아들**  (안심하면서) 고마워요, 아빠. 그게 좋을 것 같아요.


칭찬받을 수 있는 행동이 무엇인지 알기가 어려워 보이는 경우가 있다. 특히 나이가 어린 어린아이들이 그렇다.

나의 강연회에 참석했던 한 어머니가 자녀에 대해 상담을 하러 찾아왔다.

"저는 딸아이가 용변을 가리도록 하고 있어요. 하지만 전혀 하려고 하지 않는데 어떻게 칭찬을 하라는 거죠?"

용변을 가리게 하는 일이 쉽지 않고 힘이 든다는 사실에는 수긍을 했다. 나는 그 어머니에게 아이가 용변을 볼 때마다 화장실로 데려가도록 했다. 아이를 변기에 앉힌 다음 평소대로 용변을 보도록 하는 것이다. 결국 아이는 용변을 보게 될 것이다. 엄마가 시켜서든 아니면 우연이든. 그렇게 아이가 일을 보았을 때 엄마는 아주 잘했다고 칭찬을 할 수 있다.

나는 그 어머니에게 '아이가 제대로 하는 순간을 잡을' 때까지 인내심을 가져야 한다는 점을 상기시켰다.

다시 한번 기억해야 할 것은 아이들은 관심을 원한다는 점이다. 관심이 바로 보상인 것이다. 부모는 아이의 긍정적인 행동에 초점을 맞춰 보상을 할 것인지 아니면 부정적인 행동에 대해서만 관심을 보일 것인지 선택할 수 있다.

관심 사항을 변경하는 데 처음에는 노력이 필요할지 모르나 그렇게 함으로써 얻을 수 있는 것은 매우 가치 있는 것이다. 더욱 말을 잘 듣고, 보다 행복하고 건강한 아이로 만들 수 있는 것이다.

모든 아이는 관심을 원한다. 잘못된 행동이 아니라 올바른 행동을 할 때 관심이라는 보상을 주어라. 포괄적인 칭찬이 아니라, 특정한 행동에 대해서 보상을 하라. 아이들의 올바른 행동을 '찾은' 다음 그 행동에 대해 보상을 하라. 바람직한 행동에 이르기까지 여러 단계로 나누어, 각 단계를 유도하라. 때론 부정적인 행동을 안 하는 것에 대해 보상할 필요가 있다.

## 2장 묻고 답하기

다음의 문장을 읽고 적당한 답을 찾아보라.


1. 다음 중 자녀 양육의 기본 진리는 무엇인가?

A. 아이들은 모두 혼나기를 바란다.

B. 부모는 대부분 너무 관대하다.

C. 아이들은 모두 관심을 원한다.

D. 부모는 대개 너무 엄격하다.


2. 아이들은 무관심보다는 차라리 '잘못된' 관심이라도 얻기를 원한다?

A. 그렇다

B. 아니다


3. 부모는 아이가 올바르게 행동하는 순간을 찾아 어떠한 보상을 해주어야 하는가?

A. 관심과 칭찬

B. 돈

C. 비판


4. [주관식] 부모는 아이에게 칭찬을 할 때는 __________한 행동에 맞춰야 한다.


5. 어떤 특정한 행동을 하는 방법이나 지식을 아이들이 모르는 경우 부모는 다음 중 어떻게 해야 하는가?

A. 심리 요법을 해 본다.

B. 아이가 제대로 할 때까지 계속 시킨다.

C. 아이의 실수를 지적한 다음 필요한 정보를 추가로 제공한다.

D. 그 행동을 여러 단계로 나누어 하나씩 접근한다.


6. 식사할 때 이상한 소리를 내는 버릇을 가진 아이가 있다. 부모는 아이

의 버릇을 고치고 싶어 조바심이 난다. 부모는 다음 중 어떤 조치를 취해야 하는가?

A. 잘못을 지적하고 그만두도록 점잖게 타이른다.

B. 무시해 버린다.

C. 식사 중 소리를 내지 않는 순간을 포착해 칭찬해 준다.

D. 음식을 빼앗아 식사를 못하게 하는 벌을 준다.

7. 아이가 성적표를 받아왔다. 다수의 과목이 우수한 성적인데 한 과목의 성적이 부진하다. 다음 중 부모가 보여야 할 바람직한 반응은 무엇인가?

A. 열심히 해서 우수한 성적을 받은 것을 칭찬한 다음 부진한 과목에 대해서 도움이 필요한지를 물어본다.

B. 부진한 과목에서 더 높은 점수를 받도록 열심히 공부를 하게 한다.

C. 부진한 과목에 대해 벌을 준다.

D. 아무런 조치도 취하지 않는다.

## 답

1번 문제의 답은 C이다. 아이들은 모든 형태의 관심을 원한다. 그러나 긍정적인 관심이 가장 많은 동기를 유발한다.

2번 문제의 답은 '그렇다'이다. 이상하게 보일지 몰라도, 아이들은 완전히 무시당하는 것보다 차라리 야단을 쳐주기를 바란다.

3번 문제의 답은 A이다. 아이들은 부모로부터 칭찬을 받는 것이 필요하다.

4. 어떤 특정한 행동에 대해 아이에게 칭찬을 해주는 것이 "오늘 너 아주 착하구나." 같은 식의 포괄적인 칭찬보다 훨씬 더 효과적이다.

5번 문제의 답은 D이다. 그 행동을 여러 단계로 나누어 하나씩 접근한 다음 각 단계마다 칭찬을 해주는 것이 보다 더 성공할 가능성이 크다.

6번 문제의 답은 C이다. 부모는 아이에게 나쁜 행동보다는 좋은 행동을 할 때 관심을 얻기가 더 쉽다는 것을 알려주어야 한다.

7번 문제의 답은 A이다. 열심히 한 것에 대해 칭찬을 듣게 되면 아이는 보다 더 노력하게 된다. 좋은 행동에 대해 긍정적인 관심을 보여야 한다는 것을 명심하라.

# 실수 3

# 갈팡질팡 하기

**일관성의 문제**는 엄격할 것인가 관대할 것인가의 문제보다 중요하다. 정해진 것은 항상 그대로 지켜라. 일관성 있는 규칙 적용은 어린이들에게 안정감, 예측 가능성, 자기 통제와 같은 감정 구조를 갖도록 해준다.

부모가 가장 빠지기 쉬운 함정이 갈팡질팡하는 것이다. 왜 아이들에게 일관성 있게 대하지 못하는지 부모는 수많은 핑계를 대곤 한다.

시간이 없다, 정신이 복잡하다, 스트레스가 쌓였다 등등. 이유가 무엇이든 아이들을 일관성 있게 대하지 않는 데서 여러 가지 행동상의 문제가 발생한다.

여러 부모들이 자녀에게 엄격하게 대하는 것과 관대하게 대하는 것 중 어느 것이 더 좋은지 질문하곤 한다.

사실, 권위주의적인 가정이나 자유분방한 가정 어디서나 아이들을 훌륭하게 키울 수 있다. 중요한 점은 자녀 교육 방식은 언제나 예측 가능하고 일관성 있게 적용되어야 한다는 것이다.

일관성이 있다는 것은 어떠한 규칙을 고수하고 그에 따른 결과를 수용하는 것을 의미한다. 어떤 규칙을 정하거나, 또는 어떤 벌을 주겠다고 한 경우 그 말을 반드시 이행해야 한다.

아이들은 재빨리 그 말이 어느 정도까지 효력이 있는지 시험해 보는 법을 배운다. 특히 부모가 말만 꺼내고 그것을 실행하지 않는 경우 더욱 그렇다.

# 일관성 유지하기

몹시 속이 상한 한 어머니가 열네 살 먹은 아들에 관한 이야기를 열심히 늘어놓은 적이 있다. 어머니는 아들에게 밖에 나가서 놀고 싶으면 방 청소를 하라고 이야기했다. 겨우 청소하는 흉내만 낸 다음 아들은 밖으로 나가려 했다. 어머니는 아들을 멈춰 세운 다음 방을 끝내고 나가라고 했다. 그러자 아들은 나갔다 들어와서 청소를 끝마치겠다고 반항하듯 대꾸했다. 어머니는 만일 방 청소를 끝마치지 않고 지금 나가면 주말에 외출 금지라는 말로 대응했다.

아들이 계속해서 고집을 부리자 어머니는 "나가지 말란 말이야, 알았지!"라고 경고를 했다. 경고가 되풀이될수록 목소리가 커졌고 더욱 노기를 띠게 되었다. 그렇게 경고를 여섯 번이나 되풀이하고 나서야 아들은 고집을 꺾고 방 청소를 하기 시작했다.

어머니와 아들 사이에 오간 이런 일이 의미하는 것은 무엇인가? 긍정적으로 보자면 아들은 해야 할 일을 하게 되었다. 그러나 불행하게도 아들은 그다지 긍정적이지 못한 요소도 함께 배우게 되었다. 아들에게 나가면 안 된다는 말을 대여섯 번이나 되풀이함으로써 어머니는 처음 네다섯 번의 말은 별로 의미가 없다는 인식을 아들에게 심어준 셈이다.

아마도 아들은 엄마가 정말로 화가 난 상태가 아니라면 말을 따르지 않아도 된다는 것을 알고 있었을 것이다. 또한 엄마가 화가 났는지 그렇지 않은지 목소리만 들어도 알아차릴 수 있다고 생각했을 것이다.

처음 경고했을 때 아마도 아들은 그 경고대로 되리라고 생각하지 않았기 때문에 상황이 정말 심각한 상태에 이를 때까지 엄마의 기분을 시험한 것이다.

나의 추측으로는 아마 이 어머니는 그전부터 그다지 아이에게 일관된 태도를 보이지 않았을 것이다. 만약에 이전에 경고를 하자마자 바로 말한 대로 이행했더라면 이번과 같이 바람직하지 않은 상황은 결코 벌어지지 않았을 것이다.

부모가 약속이나 보상에 대해서 한 말을 지키는 것도 똑같이 중요하다.

여덟 살배기 남자아이가 해야 할 자질구레한 일을 좀처럼 하려고 하지 않는다고 걱정하는 젊은 부모가 있었다.

나는 그 부모와 아이의 일과에 대해 도표를 만들고 보상 제도를 고안해 보았다. 아이가 어떤 일을 할 때마다 부모는 도표에서 그 일의 표시에 스티커를 붙여주었다. 그리고 매 주말마다 아이가 받은 스티커 수를 계산한 다음 보상을 해주었다. 예를 들어 스티커가 몇 개 이상이면 늦게까지 놀아도 된다거나, 친구와 함께 밤을 새워도 되는 식이었다.

몇 주일 후에 부모가 다시 찾아와 불평을 늘어놓았다. 보상 제도가 더 이상 효과가 없다는 것이었다. 아이는 다시 해야 할 일들을 소홀히 하고 있었다.

아이와 상담을 해본 결과 부모가 약속한 보상을 실행하지

않았다는 것을 알 수 있었다. 보상을 하지 않고 보상 제도
가 효과를 잃은 것에 당황한 것이다!

일관성을 잃음으로써 그 부모는 보상 제도의 효력을 잃었
을 뿐 아니라 아이에게 의도하지 않은 것을 가르쳐 주고 말
았다. 부모가 아이에게 한 약속은 그다지 믿을 만한 가치가
없다는 사실을.

또 다른 가정의 사례로 열두 살 먹은 딸아이와 숙제를 하
는 것 때문에 자주 전쟁을 벌여야 했던 어머니가 있다. 아
이는 방과 후에 밖에서 놀거나 텔레비전 보기를 좋아했다.

이따금씩 어머니는 아이에게 학교에서 돌아오자마자 숙
제부터 하라고 말했다. 아이가 싫다고 칭얼대면 어머니는
나중에 숙제를 하도록 허락했다. 이 마음씨 좋은 어머니는
‘때로는 아이하고 말다툼하는 것이 너무 힘들어서’ 그렇게
했다고 말했다.

이런 다툼은 더욱 심해져서 거의 매일 벌어지다시피 했다.
어머니가 어떤 날 양보를 할지 모르므로 아이는 오늘은 어
떨지 실험해 보고 싶었던 것이다.

그들의 다툼은 어머니가 자신의 생각을 정확하게 아이에

게 알리기 시작하면서 해소되었다. 어머니는 아이에게 숙제를 끝마쳐야지만 나가서 놀 수 있다는 것을 확실히 했다.

물론 아이는 처음 며칠 동안은 계속해서 어머니의 결심을 실험해 보려고 했다. 그러나 어머니가 계속해서 일관된 태도를 보이자 일주일이 지날 무렵 아이는 어머니가 양보하지 않을 것임을 깨닫고 더는 어머니의 의지를 실험하지 않았다.

이 문제는 어머니가 자신의 생각을 분명히 밝힌 다음 그것을 일관성 있게 관철함으로써 해결될 수 있었던 것이다.

부모가 일관성 있게 자신이 한 말을 지키는 경우에 아이들에게 유익한 구조가 형성된다. 이 일관성이 형성하는 구조는 아이들에게 안정감과 예측 가능함, 자기 제어라는 느낌을 제공한다.

아이들은 자신의 행동을 통해 그 한계를 실험함으로써 부모의 영역을 확인하지 않아도 되는 것이다. 친숙한 보상 체계 안에서 편안하게 행동을 하기만 하면 그만인 것이다. 또한 약속을 지키고 신념을 관철하는 것의 중요성을 배울 수 있다.

# 일상생활에서의 일관성

일관성을 가지고 아이들을 대하면, 보통 자주 문제가 되는 영역인 아침저녁의 일상사 버릇 들이기에도 도움이 된다.

부모는 거의 똑같이 이야기한다. 아이를 깨워서 등교 준비를 시키거나 밤에 잠자리에 들게 하는 것은 부모와 아이 모두에게 스트레스를 준다고.

당연한 말처럼 들릴지 모르겠으나, 매일 아침이나 저녁 똑같은 시간에 똑같은 일을 하게 하면 아이들에게 옷을 입히고 먹이고 씻기기 위해 야단치거나 달래면서 받는 스트레스를 줄일 수 있다.

그렇게 하면서 생기는 일상적인 일들에 대한 예측 가능성이 부모와 자식 간의 힘겨루기를 막는 데 도움을 주는 것이다.

나 또한 시행착오를 거쳐 이러한 사실을 배웠다. 나와 딸아이는 아침에나 잠자리에서 일상적인 일 때문에 실랑이를 벌이는 일이 거의 없다. 우리가 여러 해에 걸쳐 확립해 놓은 일상적인 규칙 때문에 가능한 것이다.

매일 아침 나는 아이를 깨운 다음 씻게 한다. 그다음 내가 씻을 동안에 아이는 옷을 입고 아침에 해야 할 일(잠자리 정리, 개에게 밥 주기)을 한다. 그런 다음 나는 아침을 준비하고 우리는 식사를 한 다음 학교에 간다.

마찬가지로, 저녁때도 항상 정해진 대로 일을 한다. 내가 저녁을 준비하는 동안 딸아이는 숙제를 하고, 함께 저녁을 먹으면서 그날 일어났던 일들에 대해 이야기를 나눈다. 내가 설거지를 하는 동안 아이는 숙제를 끝마치고 씻고 이를 닦은 다음 잠옷으로 갈아입는다.

그다음 나는 아이가 해놓은 숙제를 봐주고 우리는 함께

책을 읽거나 게임을 하거나 이런저런 이야기를 하는 시간을 갖는다.

이런 일은 아이가 없는 사람에게는 지루한 것처럼 보일 수도 있지만 자식이 있는 부모에게는 매번 자잘한 일로 아이들과 씨름하지 않아도 된다는 것은 분명 축복이다.

나와 딸아이의 경우 해야 할 일이 확실하게 정해져 있기 때문에 말씨름을 할 필요가 없는 것이다. 아이들에게 해야 할 일의 규칙을 확실하게 잡아주는 데는 의식적인 노력이 필요하다.

아이들과 무릎을 맞대고 앉아 일상생활에서의 규칙을 정해 보자. 긍정적이고 적극적인 마음으로 규칙을 정함으로써 얻게 되는 장점들을 열거해 보자. 아이들과 규칙을 정한 바로 그다음 날부터 규칙대로 지켜나가 보라!

물론 매일매일 규칙을 엄격히 고수한다는 것은 불가능하다. 예기치 않은 일이 일어나는 법이므로. 그러나 자녀에게 안정감을 주기 위해서는 가능한 한 규칙을 고수하는 것이 중요하다.

만약에 불가피하게 정해진 대로 따를 수 없는 경우가 생기면 가능한 한 아이들에게 사정을 미리 알려야 한다. 미리 알려줌으로써 아이들이 변화된 상황을 이해하고 대처하는 데 도움을 줄 수 있다.

예를 들어 약속 때문에 직장에 일찍 나가야 할 경우, 그 전날 밤 아이들과 무릎을 맞대고 그 이야기를 해 보라. 아침 6시 30분이 아니라 6시에 일어나야 한다고 말해 보라. 평소보다 빨리 일어나서 아침 일과를 마치도록 너희들이 돕는다면 큰 도움이 될 것이며, 또 고마울 것이라고 말하라. 그리고 그다음 날에는 아이들의 협조에 고마워하는 것을 잊지 마라.

이는 다음에 또 일어날 수 있는 불가피한 예외 상황에 미리 대비하는 건강한 씨앗을 아이들의 마음에 심어주는 것이다.

# 처벌에서의 일관성

일관성이 절대적으로 요구되는 또 다른 분야가 처벌이다. 대개 부모들은 아이들이 잘못 행동할 경우 화를 내며 즉시 처벌을 내리려 한다. 그때 부모는 화가 난 나머지 이행하기에 어려운 처벌을 가하는 경우가 종종 있다.

어떤 아버지는 아들이 학교에서 말썽을 부릴 때마다 화가 나서 한 달간 외출 금지라는 벌을 내리곤 했다. 비록 그런 처벌을 내릴 때는 틀림없이 지키도록 만들겠다는 결심을 하지만 실제로 그것은 이행하기 어렵거나 불가능한 일이다.

한 달이라는 기간 동안 수없이 많은 '예외를 인정'하는 일
이 벌어지게 되고 그 처벌 자체가 무의미하게 되는 것이다.
이렇게 이행하기 불가능한 처벌을 내리는 것보다는 좀 짧
더라도 일관성 있게 지킬 수 있는 처벌을 가하는 것이 훨씬
현명할 것이다.

부모 양쪽이 모두 규칙과 처벌에 합의하고 일관성 있게 그
것을 지키게 하는 것이 중요하다는 사실을 반드시 알아야
한다.

종종 영악한 아이들은 양친을 이간질하여 '갈라' 놓으려
하는 경우가 있다. 부모는 아이들이 보지 않는 곳에서 이견
을 조정하여 서로 간에 불편한 감정 없이 합의된 사항을 아
이들에게 이행시킬 필요가 있다.

위에서 말한 바로 그런 문제 때문에 상담을 찾는 부모가
많다.

한 부부는 여러 해 동안 아이들 훈육 문제로 마찰이 있었
다. 큰아이를 키우는 문제로 자주 서로에게 화를 내거나 논
쟁을 벌이곤 했지만 그럭저럭 넘겨오고 있었다.

그러나 결국 조숙한 다섯 살짜리 둘째 아들 문제로 상담

을 청하게 된 것이다.

남편은 매우 엄격한 가정에서 성장하면서 자주 체벌을 받았기에 자신의 아이들 또한 엄하게 키워야 한다고 굳게 믿고 있었다. 그는 아내가 아이들을 너무 오냐오냐한다고 생각했다.

반면 아내는 아이들에게 체벌을 해서는 안 된다고 생각했기에 남편이 너무 엄격하고 지나치다고 느끼고 있었다.

남편은 첫째와 달리 둘째에게는 체벌이 효과적이지 않다는 것을 인정할 수밖에 없었다. 사실 그 꼬마 녀석은 체벌을 받으면 더 반항적이 되는 것 같았다(아이들은 관심을 원한다는 것을 기억하자. 심지어 체벌 같은 부정적인 관심조차).

남편은 논리적인 사람이었지만 자신이 성장한 방식을 버리는 것이 썩 내키지 않았다. 그렇지만 새로운 시도를 하는 것에는 관심을 보였다.

나는 그들 부부에게 이 책에 설명된 방법을 한 달간 활용할 것을 제안했다. 그들 부부는 의식적으로 아이가 행동을 올바로 하는 순간을 포착해서 칭찬을 하기로 했다. 벌을 내려야 할 때는 먼저 한 번은 경고를 한 다음 그다음에는 텔레비전을 못 보게 한다든지 게임 하는 시간을 줄이든지 하는 벌을 내리도록 했다.

그렇게 한 달이 지났을 때 남편은 새로운 방식이 둘째에게 제대로 먹혀든다는 것을 인정했다. 아들의 행동이 개선되었을 뿐 아니라 아이가 더 귀여워졌고 아내와 아이 문제로 말다툼을 하지 않아도 되었다(물론 나는 부인에게도 남편이 새로운 방식을 적용할 때마다 칭찬을 해주라고 은밀히 권고했다).

만약 배우자와 아이를 기르는 방식에 대해 의견이 다를 경우 '한번 실험 삼아' 새로운 방식을 적용해 보는 것이 도움이 될 수 있다. 배우자가 본인의 방식을 버리기를 주저하는 까닭은 만약 그럴 경우 자신이 옳지 않다는 것을 인정하는 셈이라고 느끼기 때문임을 명심해야 한다.

이런 실랑이를 미연에 방지하기 위해서는 자녀 교육 관련 서적을 함께 읽거나(이 방법을 권장한다), 함께 관련 교육 과정을 이수하거나, 더 나아가 가정 문제 전문가에게 상담을 받는 것이 좋다. 새로운 이론을 배우고 적용하는 데는 이처럼 가정 밖에서의 재료를 활용하는 것이 훨씬 쉬울 때가 많다.

부모가 공통된 견해를 가지고 그것을 일관성 있게 적용한다는 것은 대단히 중요하다. 왜냐하면 아이는 부모의 방침이 항상 변함이 없고 일관성 있게 적용된다는 것을 확신하게 되면 이번 주에는 부모가 어떻게 반응할지 그 한계를 실험하지 않을 것이기 때문이다.

또한 처벌이 이행 가능한 것이고 일관성 있게 적용되는 것이라면 아이들이 잘못된 행동을 하고도 '벌을 받지 않으려고 잔꾀를 부리는' 경우가 줄어들 것이다.

일관성은 아이들의 안정감 형성을 돕는 데 있어 중요한 역할을 한다. 이것은 단지 처벌의 영역에만 국한되는 것이 아니다.

부모가 아이에게 학교에서의 일과를 항상 일관성 있게 물어봐주는 것 또한 아이들에게 얼마나 중요한지 아무리 강조해도 지나치지 않다. 빠지지 않고 운동경기나 학교 행사에 부모가 함께 가주는 것도 아이들이 부모의 눈 속에서 자신에 대한 커다란 사랑을 발견할 수 있게 해준다.

그렇게 부모가 무조건적 사랑을 자기에게 베풀어 준다는 것을 느끼는 아이들은 자신감을 갖게 되며 불필요한 두려움이나 불안감을 줄일 수 있게 된다.

이처럼 확실한 장점에도 불구하고, 일관성을 갖는다는 것은 아이를 기르는 데 있어 가장 실천하기 어려운 일 중 하나이다. 요즘처럼 바쁜 생활 속에서 확고하고 예측 가능한 태도를 견지한다는 것은 어려운 과제가 될 수 있다.

또한 우리 모두 감정에 기복이 있다는 것은 인간으로서 이해할 만한 일이다. 사전에 언질을 받았던 승진을 못했거나 갑자기 차가 고장나 화가 났을 때 차분하게 아이에게 경고를 주거나 벌을 내린다는 것은 쉽지 않을 수도 있다.

내가 제안할 수 있는 것은 진정으로 성실하게 그런 방향으로 노력을 하라는 것이다. 이따금씩 흔들리더라도 너무 스스로를 자책하지 마라. 결국 인간이란 실수를 하는 존재인 것이다. 그것이 인생의 정상적이고 자연스런 측면이다.

일관성을 갖고자 최선을 다한다면 머지않아 그 노력 이상의 기쁨을 얻게 될 것이다.

일관성의 문제는 엄격할 것인가 관대할 것인가의 문제보다 중요하다.

정해진 것은 항상 그대로 지켜라.

먼저 경고를 한 다음 적절한 처벌을 내리고 그것을 이행토록 하라.

일관성 있는 규칙 적용은 어린이들에게 안정감, 예측 가능성, 자기 통제와 같은 감정 구조를 갖도록 해준다.

아침저녁 일과는 규칙적으로 하도록 하라.

간단하고 실행 가능한 벌을 주라.

본인이 화가 나 있는 순간에는 아이에게 벌을 내리지 마라.

부모가 서로 간에 합의한 방식으로 아이들을 다루어라.

## 3장 묻고 답하기

다음의 문장을 읽고 적당한 답을 찾아보라.

1. 일관성이란 어떠한 규칙 적용과 상벌을 의미하는가?

A. 모호한

B. 확고하게 지켜지는

C. 효과가 보이는

D. 지나친

2. 미리 정한 벌을 내리기 전에 부모는 몇 번 경고를 해야 하는가?

A. 두 번

B. 전혀 안 한다

C. 세 번

D. 한 번


3. 일관성 있는 _________은 어린이들에게 안정감, 예측 가능성, 자기 통제와 같은 감정 구조를 갖도록 해준다.

A. 규칙 적용

B. 칭찬

C. 처벌

D. 운동


4. 문제 행동을 제어하는 데는 다음 중 어떤 것이 가장 효과적인가?

A. 장기간에 걸친 벌

B. 꾸지람

C. 즉시 이행할 수 있으며 밀도가 있는 벌

D. 행동 자체를 무시

5. 규칙 적용에 일관성이 없을 경우 아이들은 '한계를 실험' 하려고 하는가?

A. 전혀 그렇지 않다

B. 가끔 그렇다

C. 거의 항상 그렇다

6. 어떤 사안에 대해서 부모가 의견이 일치되지 않을 경우 해야 할 일은 무엇인가?

A. 그때그때 상의를 해서 아이들도 어떻게 의견 불일치가 해소되는지를 알도록 한다

B. 아이 앞에서는 서로를 존중해 주고 나중에 의견이 불일치하는 것에 대해 상의를 한다

C. 아이에게 결론을 내리도록 한다

## 답

1번 문제의 답은 B이다. 말을 했으면 실천하라!

2번 문제의 답은 D이다. 만약 부모가 한 번 경고를 하고 항상 그대로 벌을 내리면 더 이상의 경고는 필요가 없을 것이다.

3번 문제의 답은 A이다. 만약 아이가 부모가 무엇을 기대하는지를 확실히 알게 되면 한계를 실험하려고 하지 않을 것이다.

4번 문제의 답은 C이다. 일반적으로 이행하는 중간에 예외를 기대하게 하는 장기간의 벌보다 즉시 이행할 수 있는 단기간의 벌이 더 효과적이다.

5번 문제의 답은 C이다. 만약 부모가 설정한 경계에 대해 확실한 그림을 그릴 수 없을 경우 아이들은 처벌을 피할 수 있는지 알아보기 위해 언제라도 한계를 실험해 보려고 할 것이다.

6번 문제의 답은 B이다. 아이 앞에서는 항상 부모가 일치된 모습을 보여야 한다.

# 실수 4

# 열린 대화에
# 빗장 치르기

자녀가 자랄수록, **열린 대화**야말로 부모가 꼭 지녀야 할 최대의 무기이다. 열린 대화는 부모와 자녀 간의 불필요한 힘겨루기를 최소화해 준다.

대화는 아마도 가장 중요한 자녀 교육 기술일 것이다. 아이가 부모와 대화를 통해 자기의 감정을 나눌 수 있다고 생각하면 스스로의 가치와 자신감을 느끼게 된다. 아이가 스스로의 가치를 알고, 문제 해결 능력을 키우고, 타인과 더불어 사는 것을 배우도록 하는 데는 효과적인 대화가 필수이다.

또한 자녀의 성장에 따라 부모가 직접적으로 통제할 수 있는 부분이 점차 적어진다는 점에서도 대화는 매우 중요하다. 아이들이 접하는 환경에 대해 영향을 행사할 수 있는 능력을 상실하게 되므로 솔직하고 열린 대화는 가장 효과적인, 때로는 유일한 부모의 수단이 되는 것이다.

만약 10대가 부모에게 교우 관계, 마약, 섹스에 대해 말할 수 있다면 그 아이는 이 거친 세상을 좀 더 잘 헤쳐 나갈 수 있을 것이다.

효과적으로 대화할 수 있는 능력이 부족한 부모는 자녀와의 끝없는 줄다리기에서 벗어나지 못하거나 그저 뒷전에서 팔짱을 낀 채 '저절로 잘되기를' 바라는 신세가 되기 쉬울 것이다.

자녀와의 대화 유형은 열린 대화 혹은 닫힌 대화 둘 중 하나이다. 부모는 자신도 모르는 사이에 자주 자녀와의 대화 창구를 닫아버리곤 한다. 때때로 자녀는 부모가 처리해 주기를 바라는 곤란한 감정상의 문제를 겪는데 부모들은 이러한 상황을 불편해한다. 또 다른 경우로 자녀가 원하지 않는 충고를 해야만 할 때도 있다. 그런 과정을 겪으며 자녀는 무시당하고 있다는 느낌을 받게 되고 더는 부모와 상의하려고 하지 않게 된다.

자녀와 효과적으로 열린 대화를 하려면 부모는 진정 관심을 가지고 아이의 말을 경청한다고 믿게끔 해야 한다.

부모와 이야기를 해 봐야 지루한 연설 또는 미리 잘 준비된 꾸지람만 듣게 될 것이라고 생각하게 되면 자녀는 대화하려는 시도를 그만두려고 할 것이다.

자녀와의 대화를 단절시키는 방법은 다음 중 한 가지 방식을 택해서 자녀에게 대꾸하는 것이리라.

# 권위적인 부모

　권위적인 부모는 통제를 유지하는 데 무척 신경을 쓰는 부류이다.

　감정 표출이란 '점잖지 못한' 것이라고 생각하므로 이런 유형의 부모는 자녀에게 '몸가짐을 제대로 하고 올바로 행동하도록' 명령한다.

　명령과 요구, 위협을 하면서 권위적인 부모는 스스로 판단하여 불필요하거나 바람직하지 못한 감정은 가지지 말도록 자녀에게 간단히 말한다.

이런 부모는 다음과 같은 표현을 사용할 것이다.

"됐다. 울 필요 없어."

"그렇게 느낄 필요 없어."

"감히 내게 목소리를 높이려 들지 마!"

권위적인 부모는 종종 자녀의 말을 중간에서 끊고 자기의 주장을 강요한다.

> **엄마** 이리 와서 엄마 설거지 좀 도와라!
>
> **딸** 지금 수학 문제 푸는 중인데 나중에 하면 안 돼요?
>
> **엄마** 네가 뭘 하는지 모르겠지만, 당장 이리 와서 돕지 못하겠니?

이런 대화 방식에서 우리는 부모가 자녀가 어떻게 느끼고 무엇을 생각하며 무엇을 하고 있는지 별로 중요하게 생각하지 않는다는 것을 알 수 있다. 이런 방식은 더 크고 강하고 똑똑한 부모가 자신의 일이 아이들의 일보다 훨씬 중요하다는 것을 전제로 삼고 있다. 자녀의 욕구의 중요성을 과소평가하면서, 뭐라고 말하든지 부모는 별 관심이 없다는 인상을 아이들에게 심어 준다.

# 설교형 부모

설교형 부모는 대화를 하는 자녀는 종종 심리적인 방어기제가 작동하면서 눈빛이 흐려지거나 시선이 다른 데로 향하게 된다.

이런 유형의 부모는 대화를 시작하자마자 바로 설교로 들어감으로써 대화를 단절시키는 경향이 있다. 이들이 가장 좋아하는 단어는 '안 돼'이다. 관심 사항은 오로지 자녀가 바람직한 정서를 유지해야 한다는 것뿐이다.

설교형 부모가 자주 하는 말은 아마 이럴 것이다.

“그렇게 언짢아해서는 안 돼. 선생님이 하시는 건 다 네게 좋은 거야.”

“그런 식으로 생각해서는 안 돼. 내가 그렇게 하려고 한 게 아니라는 걸 너도 알잖니.”

“그렇게 따분해하면 안 돼. 얼마나 멋진 날이니!”

이런 유형도 역시 부모와 자녀 간의 대화를 막아 버린다. 본질적으로 이런 유형의 대화는 자녀가 어떻게 해야 하고 느껴야 하는지 부모로부터 일방적으로 주입받는 것이기 때문이다.

**아들**　엄마, 친구한테 우리 집으로 놀러오라고 했는데 바쁘대요. 벌써 세 번째예요. 나를 좋아하지 않는 것 같아요.

**엄마**　음, 이제 그 애한테는 전화하지 마. 걔는 네가 사귈 만한 친구가 못 된다고 말했잖아. 저 아래 사는 애를 불러서 놀아. 걔가 네가 사귀어야 할 아이야.

**아들**　아휴, 엄마…….

보기에 나오는 아들처럼, 어느 누구도 자기의 행동과 감정을 타인에게서 일방적으로 지시받는 것을 좋아할 사람은 없다. 항상 설교당하는 것을 좋아하는 사람도 물론 없을 것이다.

# 꾸짖는 부모

꾸짖는 부모는 자녀에게 부모가 얼마나 우월한 존재인지 알리는 데만 지대한 관심을 쏟는다. 부모란 나이도 많고 더 현명하며 항상 옳은 존재라는 것을 자녀에게 알려 주려고 신경을 쓴다.

다음과 같이 말하기를 좋아하는 타입이다.

"내가 뭐라고 말했니? 이럴 줄 알았다."

"내 얘기를 듣기만 했으면……."

"내 말 알겠니?"

때때로 이런 부모는 자기의 말을 이해시키기 위해 비꼬거나 욕설을 내뱉기도 하고 윽박지르기도 한다. 이와 같은 파괴적인 방법은 부모를 우월하게 보이도록 할지는 모르나 자녀를 초라하게 만들기도 한다.

다음과 같은 예를 보도록 하자.

"이렇게 멍청할 수도 있는 거구나."

"이번에는 도대체 뭘 한 거니?"

"바보짓 좀 그만해. 그건 안 된다니까."

자녀는 이런 유형의 부모와는 상의하는 것을 점차 꺼리게 된다. 무엇을 하든 부모가 흡족해하지 않는다는 것을 배우게 되는 것이다.


**아들**　아빠, 이번 과학경진대회에 출품하려고 태양열 증기기관을 만들었어요. 태양 램프가 오일 깡통을 데우면 안에서 물이 끓으면서…….

**아빠**　야, 도대체 너는……? 이 장치는 절대 작동이 안 돼. 자, 여기를 봐. 램프와 깡통 사이를 너무 떨어뜨려 놨잖아. 이러면 증기를 발생할 만큼 물이 뜨거워질 수 없어. 넌 도대체 무슨 생각을 하면서 일을 하는지 모르겠다.

위 예에서 나오는 아버지는 아들의 창의성을 완전히 무시하고 있다. 이 아버지는 아들의 노력을 칭찬하고 개선 방안에 대해 대화를 나누는 대신 완벽하게 일을 하지 못한 것을 부끄러워하도록 만들어 버렸다.

# 건성건성형 부모

이 유형의 부모는 정확한 이유를 몰라도 그때그때 맞장구만 치면 되는 것으로 생각하는 경향이 있다. 어쩌면 아이의 문제에 깊숙이 관여하기가 두렵거나 다른 일들에 너무 얽매여 있는 건지도 모르겠다.

이런 스타일은 어린아이들이나 10대 자녀에게 부모는 자기가 하는 말을 귀담아듣지 않는다든가, 아니면 관심이 없어서 이해를 못 한다는 인상을 갖게 만든다.

건성건성형 부모가 흔히 하는 말은 이렇다.

"큰일도 아닌데 그냥 털어 버려."

"내일이 되면 모든 게 좋아질 거다."

"한 번은 겪는 과정이야. 염려하지 마. 곧 지나갈 거야."

**딸**　아빠, 더 이상 농구를 하고 싶지 않아요.

**아빠**　응? 왜? 농구 시즌도 거의 반이 지났잖아.

**딸**　공을 잡을 때마다 매번 놓치고, 자유투도 늘 실패해요.

**아빠**　걱정하지 마. 시간이 지나면 틀림없이 나아질 거야.

이런 대화는 표면상으로는 문제가 없어 보이지만, 실제 이 아빠는 딸아이의 근심을 무시하고 있는 것이다.

모든 게 잘될 거라고 말하면서 딸의 마음을 편안하게 해주는 것보다 딸의 근심과 걱정거리를 먼저 인정해 주었더라면 훨씬 좋은 대화가 이루어졌을 것이다.

대부분의 부모는 앞서 제시한 유형 중 한두 가지의 모습을 보이곤 한다. 무죄인 부모는 아무도 없다. 부모는 자신이 대화를 단절시키는 주범임을 확실히 알아야 한다.

# 경청하는 방법

자녀와 열린 대화를 하려면 부모는 먼저 훌륭한 청취자가 되어야 한다. 훌륭한 청취자가 된다는 것은 수동적인 활동이 아닌 대단히 능동적인 활동이다.

이상하게 들릴지 모르지만, 잘 듣기 위해서는 어느 정도 집중적인 노력이 필요하다.

먼저 첫 번째 단계는 부모가 경청할 준비가 되어 있다는 사실을 자녀에게 확실하게 알리는 것이다.

한 청소년은 부모와의 관계에서 느꼈던 좌절로 어려움을

겪고 있었다.

열다섯 살이 되었을 때 소년은 독립적인 삶을 배워가고 있었지만 여전히 가끔씩 부모의 지도와 격려가 가끔씩 필요함을 느꼈다. 첫 번째 상담 시간에 소년은 자기가 느꼈던 문제점을 설명하기 시작했다.

"제 부모님들은 문제가 없다고 생각해요. 두 분은 항상 옳은 말만 한다고 생각하지요. 문제가 생기면 언제든지 와서 말을 하라고 하지만, 문제는 두 분이 진심으로 그러는 것 같지가 않다는 거예요. 아버지는 건성으로 듣는 척만 할 뿐이에요. 정말 진지하게 이야기를 들으려고 하지 않는다는 걸 알 수 있어요. 아버지는 금세 자기 컴퓨터로 돌아가 버리거든요. 어머니도 자기와 상의하자고 말은 하는데 실제로는 설교뿐이에요."

부모는 자신들이 아이의 대화 상대가 되어 주고 있다고 생각했지만 소년이 느끼는 것은 절대로 그렇지 않았다. 말로는 기꺼이 대화를 하겠노라고 하면서 실제 행동은 자녀와의 대화를 단절시키고 것이었다.

나는 딸아이가 겨우 세 살이었을 때 그와 비슷한 교훈을 얻은 적이 있다.

나는 긴 하루의 일과를 마치고 집으로 돌아오면 텔레비전 뉴스를 보려고 애썼다. 가족들과 함께 저녁 시간을 갖기 전에 일에서의 긴장을 털어 버리기 위해 그 30분이 진정 필요했던 것이다. 그러나 딸아이의 생각은 달랐다. 내가 집에 돌아오자마자 함께 이야기하고 놀고 싶었던 것이다.

아이의 관점에서 보면, 나는 하루 종일 바깥에 나가 있었으니 이제는 자기와 함께 놀아야 할 시간인 셈이었다.

나중에 놀자고 할수록 아이는 더 보채고 칭얼댔다. 결국 뉴스를 보는 것도 아니고 그렇다고 딸과 놀아주는 것도 아닌 상황임을 곧 깨달을 수 있었다. 나는 점점 아이에게 냉담하게 대했고 뉴스를 재미있게 보는 것도 아니었다.

그 시점에서 나는 전략을 바꾸어야 한다는 것을 깨달았다.

텔레비전을 보면서 건성으로 아이의 말을 들어주는 대신 뉴스를 포기하고 적극적으로 아이의 말을 들어주고 함께 놀아 주기로 했다. 일을 마치고 집으로 돌아오면 몇 분 동안 집 안은 온통 레고 조립하기, 장난치기, 아이의 이야기 소리로 바쁘고 떠들썩해졌다.

나는 딸아이의 눈빛이 반짝거리는 것을 보면서 어린 여자 아이의 천진한 웃음소리를 만끽할 수 있었다. 내가 행복해 할수록 아이는 더 행복해했다. 뉴스는 언제라도 볼 수 있으니까!

부모가 자녀의 생활에 있어 수동적인 청취자가 되느냐 능동적인 존재가 되느냐에 따라 자녀가 보살핌을 필요로 하는 시기에 주게 되는 영향력이 다르다.

딸아이는 나에게 항상 주저함 없이 학교에서의 일, 도움이 필요한 문제, 심지어 첫 남자친구에 대한 문제까지 상의를 해왔다.

아이가 10대에서 점점 성장하고 있는 지금, 언제나 아빠와 함께 자기의 기쁜 일이나 슬픈 일을 편안하게 나누려는 마음을 계속 유지하기를 바란다.

부모는 매일 일상사에서 느끼는 스트레스와 중압감 때문에 자녀에게 소홀하거나 건성으로 아이의 말을 듣게 되기가 쉽다. 비록 그 순간 자녀에게 충분한 관심을 기울이는 것이 불가능하더라도, 잠깐만 시간을 투자하면 일단 올바른 대응은 가능한 법이다.

“엄마가 지금은 좀 바쁜데, 15분 후에 얘기할 수 있을까?”

건성으로 흘려듣는 것보다 훨씬 낫다. 적어도 어머니나 아버지가 자기의 말에 신경을 쓰고 있으며 나중에 시간을 내서 들어주려 한다는 것을 자녀가 알게 될 것이므로.

만약 자녀가 그 시간 동안 기다려준다면, 반드시 기다린 것을 칭찬하도록 하라. 당신이 배우자나 친구에게서 받기를 기대하는 것과 똑같은 존중을 자녀에게도 주어라.

# 반영하는 경청법

부모가 자기의 말을 들어줄 준비가 되어 있다는 것을 알게 되면, 자녀는 보다 대화에 적극적인 자세를 취하려고 든다. 그러면 다음 단계가 필요하다. 반영하는 경청이 그것이다.

반영하는 경청을 하려면 대화에는 두 가지 측면이 있다는 사실을 알아야 한다. 즉, 대화에는 내용의 측면과 정서의 측면이 있다. 어떤 대화에서든 내용의 측면은 대화의 대상인 실제적인 문제를 의미한다. 정서적 측면은 그 내용과 관련된 밑에 깔린 감정의 요소를 말한다.

자신의 감정을 파악하고 설명하는 데 어려움을 느끼기 마련인 어린아이와 대화하는 경우 특히 정서적인 측면을 파악하는 것이 중요한 대화의 기술이다.

정서적인 측면을 파악할 수 있어야 비로소 부모는 자녀에게 그들의 말을 부모가 열심히 들어주고 있다는 인상을 줄 수 있다.

부모가 자신의 말을 들어주고 이해해 주고 있다는 기분이 들 때 자녀는 인정 받는 느낌을 가지고 계속 대화를 해나가려고 한다. 사려 깊은 경청을 통해 열린 대화가 유지되고 발전되는 것이다.

사려 깊은 경청의 특별한 점은 자녀가 말하고자 하는 의미의 정서적 측면을 이해하고 그것을 반영하여 반응해 준다는 것이다. 정서적 측면을 고려하지 않고 내용적 측면만이 오갈 때 대화가 어떻게 끊어지는지 살펴보자.

[사례 1]

**아이**　겨우 하루밖에 안 늦었는데 선생님이 숙제를 받지 않겠대요.

**부모**　그것 봐라. 그렇게 오랫동안 전화 통화를 안 했으면 제시간에 숙제를 제출할 수 있었을 거 아니니?

**아이**　뭐, 그랬겠죠.


[사례 2]

**아이**　엄마, 친구가 요즘 다른 애하고만 놀아요. 이제 난 혼자 놀아야 해요.

**엄마**　걱정 마라. 다른 친구도 많아.

**아이**　그래요, 엄마.


　단순히 내용적인 측면만이 강조될 때 아이는 더 이상 부모와 대화를 하고 싶어 하지 않는다. 실제로 아이들은 자신이 전하고 싶은 것을 부모가 이해하지 못한다는 것을 금세 알아차린다.

　부모가 대화의 저변에 깔린 정서적인 측면을 잡아내지 못하면 대화는 차갑게 식어 버리게 된다. 첫 번째 예에서 아이는 자기가 느끼고 있는 것을 말할 기회를 얻지 못하고 있다. 두 번째 예에서 아이는 자신이 잘못 생각하고 있다는 암시를 엄마로부터 받고 있다.

자, 이제 부모가 내용의 측면뿐만 아니라 정서적 측면에
반응하려고 노력할 경우 대화가 얼마나 극적으로 바뀔 수
있는지 보자.


[사례 1]

**아이**　겨우 하루밖에 안 늦었는데 선생님이 숙제를 받지 않겠대요.

**부모**　속상했겠구나.

**아이**　네……. 선생님이 너무 크게 말해서 반 애들이 모두 들었어요.

**부모**　정말로 많이 당황했겠구나.


[사례 2]

**아이**　엄마, 친구가 요즘 다른 애하고만 놀아요. 이제 난 혼자 놀아
야 해요.

**엄마**　많이 속상하겠구나.

**아이**　정말 그래요.


두 경우 모두 부모는 자녀의 정서적 측면을 파악하고 그것
을 적절하게 반영하여 반응하고 있다. 또한 단정적인 말이

아니라 함축적인 어휘로 반응해 줌으로써 아이가 자기의 감정 상태를 보다 정확히 파악해 다시 표현할 수 있는 기회를 주고 있다. 두 경우 모두 보다 개방적이고 효과적인 대화를 이끌어 나가고 있다.

자녀가 분노를 나타낼 때는 관심을 기울여주는 것이 특히 중요하다. 분노란 그 아래 다른 감정을 감싸고 있는 일종의 '우산 감정'이다. 아이들이 화를 낼 때 실제로는 다른 여러 가지 감정 중 한 가지를 함께 느끼고 있을 수도 있다.

한 열일곱 살의 소년은 여자친구로부터 전화로 이별 통보를 받았다. 다른 남자친구가 생겼다는 것이다. 전화를 끊고 난 소년은 수화기를 집어던졌다. 거친 욕설을 내뱉고 의자를 발로 차고 소파에 털썩 주저앉아 쿠션을 집어던졌다. 소년은 화가 난 것 같다, 맞는가?

표면상으로 소년은 정말 화가 난 것처럼 보인다. 그러나 실제로는 다른 감정을 느끼고 있을지 모른다. 아마 거부당하고, 배신당하고, 두렵고, 외로운 여러 감정이 복합된 것이기 쉽다. 아직 자신이 느끼는 것이 무엇인지 정확히 파악하지 못했기 때문에 소년은 가장 쉽고 포괄적이고 또 접근

하기 쉬운 감정인 분노를 고른 것이다.

자, 이제 소년이 막 소파에 앉아 쿠션을 집어던진 직후 아버지가 방으로 걸어 들어왔다고 가정해 보자. 만약 아버지가 아들의 겉으로 드러난 분노에만 반응할 경우 벌어질 대화는 이렇지 않을까.

**아버지**   도대체 무슨 일이냐? 벽이라도 뚫을 것 같구나.

**아들**   멍청한 여자 때문이에요. 걔가 나를 찼어요. 다른 남자를 만나겠다니! 믿을 수가 없어요. (쿠션을 집어던진다.)

**아버지**   화가 난 줄은 알겠지만 좀 가라앉혀라. 다른 여자친구를 사귀면 되잖아. 결국 걔 손해지, 그렇지?

**아들**   제기랄, 아빠는 이해를 못해요. (방을 뛰쳐나가 버린다.)


겉으로 드러난 분노 뒤의 감정을 살피지 못했기 때문에 아들은 아버지가 자기를 이해하지 못한다고 느끼고 있다. 결과적으로 아들은 화가 나서 방을 뛰쳐나가게 되고 뒤에 남은 아버지는 당혹감을 느끼게 되었다.

다음 예는 만약에 아버지가 아들의 분노 뒤에 숨은 감정을 세심하게 파악했을 경우 달라지는 상황을 보여준다.

**아버지**　도대체 무슨 일이냐? 벽이라도 뚫을 것 같구나.

**아들**　멍청한 여자 때문이에요. 걔가 나를 찼어요. 다른 남자를 만나겠다니! 믿을 수가 없어요. (쿠션을 집어던진다.)

**아버지**　(아들 옆에 앉으며) 그래, 차인 기분이 어떤지 아빠도 안다. 뭘 잘못한 건지 알 수가 없는 그런 거지, 그렇지?

**아들**　네, 그런 거 같아요. 걔가 그럴 줄은 생각도 못했어요.

**아버지**　아빠도 연애에 실패할 때마다 벽이라도 차고 싶은 기분이 들곤 했단다. 그렇지만 가만히 마음을 가라앉히고 가슴 아픈 그대로를 받아들였단다.

**아들**　정말 마음이 아파요.

**아버지**　(아들의 어깨를 감싸안으며) 알겠다, 어떤 기분인지.

아버지는 겉으로 드러난 분노의 감정 그 아래를 들여다보려는 노력을 집중적으로 하고 있다. 아들의 감정을 별것 아닌 것으로 치부하려고 하지도 않았고, 또 섣불리 아들에게 툭툭 털어 버리라고 격려하지도 않았다. 대신에 아들이 느끼고 있는 것을 파악하여 대화에 반영하려고 했다.

아마 아들은 앞으로도 어려움을 느낄 때면 아버지와 대화를 가지려고 할 것이다.

정서적 측면과 내용적 측면을 모두 거론함으로써 부모는 자신이 경청하고 있음을 자녀에게 알릴 수 있다. 또한 자녀가 자신의 감정이나 말을 다시 바꿔 생각해 볼 수 있는 기회를 줄 수 있다.

다시 한번 명심해야 할 것은 단정적이지 않은 어조로 말을 해야 한다는 것이다.

다음 예에 나오는 아버지는 아들이 내보이는 감정과 내용 두 가지 측면을 모두 훌륭하게 반영하는 모습을 보여주고 있다.

**아들** 아주 지루한 생일 파티였어요. 차라리 초대받지 않았더라면 좋았을 뻔했어요. 아무도 나와 놀려고 하지 않았어요.

**아버지** 친구들이 놀아 주지 않아서 외톨이처럼 느껴졌겠구나.

**아들** 음, 놀아 주기는 했지만 잘 대해 주지는 않았어요.

**아버지** 걔들이 못되게 굴어서 속이 상한 거구나?

**아들**  네.

정서적 측면과 내용적 측면 두 가지를 모두 거론함으로써 아버지는 아들이 자신의 감정을 표출하고 실제로 일어났던 일을 확실히 되짚어볼 기회를 만들어 주었다. 정서적 측면과 내용적 측면 모두에 열린 대화의 통로를 만든 것이다.

반영하는 경청을 처음 시도할 때는 어색하게 느껴질 수 있다. 대부분의 부모가 어떻게 반응을 할지 틀을 짜기 위해 생각하는 것에 익숙하지 못하다. 아무 생각 없이 바로 반응하는 것이 물론 훨씬 쉬우리라.

그러나 다른 새 기술을 배우는 것과 마찬가지로, 반영하는 경청법은 시간을 투자해 연습할수록 더욱 쉬워질 것이다.

# 열린 대화와 닫힌 대화

　언제나 자녀의 말을 들어줄 준비가 되어 있고 또 실제로 열심히 들어줌으로써 신뢰와 안정감을 높이는 분위기를 창출할 수 있다. 이는 효과적이고 개방적인 대화에 반드시 필요한 요소이다.

　부모 역할을 할 준비가 되어 있지 않거나 앞서 이야기 잘못된 부모 역할에 빠져들 경우 역효과가 난다. 자녀는 부모가 진지한 대화를 할 수 없는 상대라고 생각하게 된다.

　다음의 몇 가지 예를 보고 열린 대화인지 혹은 닫힌 대화인지 평가해 보자. 이번 장에서 언급된 잘못된 부모 역할 및 경청법에 근거를 두어 각 예를 살펴보자.

먼저 당신의 느낌을 적은 다음 나의 생각과 비교해 보라.


1. 열린 대화인가, 닫힌 대화인가?

열린 대화 □　　　닫힌 대화 □

**아이**　늦어서 미안해요. 학교에서 믿지 못할 일이 벌어졌어요. 친구가 7교시를 빼먹어서 일주일간 정학을 당했어요.

**아빠**　이제 그 친구가 얼마나 나쁜 아이였는지 알겠지? 걔는 그런 대접을 받아 마땅해.


2. 열린 대화인가, 닫힌 대화인가?

열린 대화 □　　　닫힌 대화 □

**아이**　엄마, 동생 좀 제 방에서 내쫓아 주세요. 숙제하고 있는데 방 안을 어질러 놓고 나를 귀찮게 해요.

**엄마**　문을 닫아놓고 있지 그러니?


3. 열린 대화인가, 닫힌 대화인가?

열린 대화 ☐     닫힌 대화 ☐

**아이**   왜 나만 일찍 잠자리에 들어야 하는지 모르겠어요. 친구들은 전부 늦게까지 노는데…….

**아빠**   그래서 밤 11시 30분까지는 집에 돌아와야 하는 게 불공평하다는 거니?

## 4. 열린 대화인가, 닫힌 대화인가?

열린 대화 ☐     닫힌 대화 ☐

**아이**   남자친구가 다른 여자애를 좋아하는 것 같아요.

**엄마**   걱정 마라. 다른 남자친구가 생길 거야.

## 5. 열린 대화인가, 닫힌 대화인가?

열린 대화 ☐     닫힌 대화 ☐

**아이**   엄마, 공부는 정말 열심히 했지만 시험을 망쳤어요. 수학은 아무리 해도 안 돼요. 난 정말 바보인가 봐요.

**엄마**   너무 실망해서 곧 포기할 것처럼 들리는구나.

**아이**   정말 그러고 싶어요. 그렇지만 낙제를 해서 재수강을 받고 싶지는 않아요. 과외 선생님을 구할 수 있을까요?

나의 생각은 이렇다.

1번은 틀림없이 닫힌 대화이다. 여기서 부모는 꾸짖는 역할을 하고 있다. 아버지의 반응이 갖는 가치 판단적 측면 때문에 아이는 대화를 계속할 생각이 나지 않는다. 결국 앞으로도 아이는 아버지와 대화하기를 주저할 것이다.

2번은 어머니가 취한 설교자 역할 때문에 닫힌 대화가 되었다. 어머니는 조건 반사적인 무뚝뚝한 반응만 보일 뿐 아들이 화가 난 이유가 사생활을 침해당해서라는 사실을 놓치고 있다.

3번의 아버지의 반응은 확실하게 대화를 열어주고 있다. 아들이 느끼고 있는 부당함을 잘 반영하여 이야기를 이어갈 길을 열어 주고 있다.

비록 집에 돌아오는 시간을 늦춰 준 것은 아니지만 아들은 틀림없이 자기의 불평과 기분을 아버지가 듣고 인정해 주었다는 느낌을 받을 것이다.

4번 어머니의 반응은 전형적인 건성건성형이다. 불행히도 이런 반응은 딸의 느낌을 무시하는 결과가 되어 더 이상의 대화를 닫아 버리게 된다.

5번의 엄마는 섣불리 조언을 해주거나 아들의 좌절감과 실망감을 쉽사리 어루만져 주려고 하지 않는다. 그녀는 아들의 감정을 존중해 주었을 뿐 아니라 스스로 해결책을 생각해 볼 수 있는 기회를 준다. 아들은 앞으로도 문제가 생기면 편안하게 엄마와 상의를 하려고 할 것이다.

# 비언어적 대화

비언어적 신호를 알아챔으로써 현재 자녀의 정서 상태, 감정, 기분에 대해 많은 것을 파악할 수 있다. 아이들 또한 부모의 비언어적 신호에 매우 민감하다.

아이들에게 현재의 기분을 표출하도록 기회를 주는 것은 아주 중요한 것이다. 비언어적 신호에 반응을 함으로써 바로 그렇게 할 수 있다.

비언어적 신호에 효과적으로 반응하는 예는 다음과 같다.

"시선을 다른 데로 돌리는 건 동의하지 않는 거지?"

“아주 기분이 좋은 것 같구나.”(미소 짓는 것을 보면서)

“친한 친구하고 놀지 못하게 되어서 속상해 보이는구나. 같이 이야기 좀 해 볼까?”

부모의 비언어적 행동도 중요하다. 다음과 같이 말하는 것보다 더 빨리 자녀의 말문을 닫아 버리게 하는 것은 없다.

“듣고 있다.”

분명히 다른 일에 신경을 쏟고 있다는 것을 보여 주면서 말이다.

자녀와의 비언어적 대화를 향상시킬 수 있는 방법을 몇 가지 소개한다.


▲ 하던 일을 멈추고 아이에게 전부 관심을 쏟을 것

▲ 시선을 마주칠 것

▲ 자녀가 중요한 일을 말하고자 할 때는 몸을 기울여 경청해 줄 것

▲ 중간에 말을 끊지 않을 것. 자녀가 말하고자 하는 바를 전부 이야기할 수 있게끔 함으로써 부모가 진정 관심을 기울이고 있음을 확신하게 한다.

▲ 이따금씩 고개를 끄덕여 줄 것

▲ 적절할 때 미소를 지을 것. 부모와 대화를 하는 것이 부담스러운 것이 아니라는 생각을 갖게 해준다.

▲ 때때로 소리를 내어 동조해 줄 것. 부모가 열심히 자기 이야기를 듣고 있다는 것을 알게 해준다.


자녀와 대화를 향상시키는 법을 배우게 되면 여러 가지 중요한 변화가 생기는 것을 알게 될 것이다.

먼저, 자녀가 스스로 다가와 문제를 상의하려고 할 것이다. 자기의 말을 귀담아듣고 이해해 준다는 것을 알기 때문에 아이들은 부모가 하는 말을 좀 더 고분고분하게 받아들이려고 할 것이다.

또한 아이들은 부모로부터 대화하는 법을 배우게 되어 또래와의 사이에서 불필요한 마찰을 피할 수 있게 된다.

효과적인 대화는 자녀가 나이가 들어갈수록 더욱더 중요성을 갖게 된다. 아이들이 어렸을 때 훌륭한 대화법을 미리 터득해 둠으로써 골치 아픈 10대 시절을 대비할 수 있을 것이다.

자녀가 자랄수록, **열린 대화**야말로 부모가 꼭 지녀야 할 최대의 무기이다. 열린 대화는 부모와 자녀 간의 불필요한 힘겨루기를 최소화해 준다. 대화를 할 때는 자녀에게 최대한의 관심을 기울여라. 경청은 능동적인 과정이다. 가능한 한 반영하는 경청법을 사용하라.

**닫힌 대화를 만드는 여러 가지 유형이 있다.**

-권위적인 부모

-설교형 부모

-꾸짖는 부모

-건성건성형 부모

## 4장 묻고 답하기

다음의 문장을 읽고 적당한 답을 찾아보라.

1. 자녀가 커갈수록 무엇이 부모의 가장 효과적인 교육 도구가 되는가?

A. 자동차 열쇠

B. 자녀에게 허용한 권한을 회수하기

C. 칭찬

D. 대화


2. 듣는다는 것은 어떤 성격의 활동인가?

A. 능동적                    B. 수동적


3. "안 돼"는 어떤 유형의 부모가 가장 즐겨 하는 말인가?

A. 권위적                    B. 설교형

C. 꾸중형                    D. 건성건성형


4. 어떤 유형의 부모가 통제를 유지하는 데 주로 관심을 보이는가?

A. 권위적                    B. 설교형

C. 꾸중형                    D. 건성건성형


5. 어떤 유형의 부모가 자녀에게 문제가 생겼을 때 서둘러 달래는 방식
을 택하는가?

A. 권위적                    B. 설교형

C. 꾸중형                    D. 건성건성형


6. 부모란 항상 현명하고 연장자이며 옳은 존재라는 것을 인지시키는 유

형은 무엇인가?

A. 권위적       B. 설교형

C. 꾸중형       D. 건성건성형


7. [주관식] 대화의 두 가지 측면은 내용적 측면과 ______적 측면이다.


8. 대화를 함에 있어 내용적 측면과 정서적 측면을 함께 반영하여 자녀에게 대응하는 것을 무엇이라고 하는가?

A. 무조건적인 사랑

B. 문제 해결

C. 반영하는 경청법

D. 말로 하는 반격


# 답

1번 문제의 답은 D이다. 자녀에 대한 직접적인 통제가 점차 어려워짐에 따라 열린 대화의 필요성이 점점 더 증대한다.


2번 문제의 답은 A이다. 자녀의 말을 듣는다는 것은 단순히 말을 청취하는 것 이상의 활동이다.

3번 문제의 답은 B이다. 설교형 부모의 특색을 가장 잘 말해 주는 단어
이다.

4번 문제의 답은 A이다. 권위적인 부모는 권위와 지배에 근거를 둔다.

5번 문제의 답은 D이다. 이 유형의 부모는 자녀의 감정을 무시하는 경향
이 있다.

6번 문제의 답은 C이다. 꾸중형 부모는 욕설, 억누르기, "내가 그렇게 말
했잖니."라는 식의 말을 활용한다.

7번 문제의 답은 '정서'이다. 대부분의 대화에서, 저변에 깔리는 정서가
실제 대화 그 자체보다 더 중요하다.

8번 문제의 답은 C이다. 반영하는 경청법을 통해 자녀의 말을 부모가 들
어주고 이해해 준다는 느낌을 줄 수 있다.

# 엄마가
# 아빠가
# 해줄게

가능한 한 자녀가 **논리적인 귀결**에서 교훈을 얻도록 하라. 부모가 대신해서 일처리를 함으로써 자녀의 욕구 불만과 남에게 의지하려는 마음을 조장할 수 있다.

아무리 부모가 훌륭하더라도 아이들은 나름대로의 문제와 딜레마, 장애에 부딪히게 된다. 그것은 인생의 피할 수 없는 부분인 것이다. 대부분의 부모는 자녀가 그런 곤경과 씨름하는 것을 안쓰러워한다.

이미 한두 번 그런 곤경을 헤치고 나온 경험이 있는 성인으로서, 부모는 자신들이 이미 겪어본 고통과 낙담으로부터 자녀를 구하기 위해 인생 경험을 활용하고 싶어 한다.

자연히 부모는 자녀가 실수를 저지르거나 바람직하지 못한 선택을 하는 것을 막아 주고 싶어 한다. 그러나 자녀를 보호하고 지도하려고 하다가 많은 부모가 '엄마가 아빠가 해줄게'의 덫에 걸리게 된다.

서둘러 자녀의 문제를 해결해 주려다, 자녀 스스로 한 행동의 결과에서 교훈을 얻을 수 있는 기회를 박탈하는 것이다. 부지불식간에 자녀가 독립심과 자립심을 기르는 대신 부모에게 의존하도록 만드는 것이다. 또한 스스로 행동의 결과를 체득하지 못하게 함으로써 좌절과 분노를 조장하는 셈이 된다. 자녀의 자연스런 탐구심과 성장 의욕이 억제되기 때문이다.

# 논리적 귀결을 경험하게 하라

자녀가 스스로 배울 기회를 주기보다는 충고하기를 더 좋아할 경우, 특히 10대들은 부모에게 지나치게 의존하거나 화를 내는 경향이 있다.

부모의 충고가 좋은 결과를 낳았을 때 10대들은 그 결과가 자신이 주체적으로 결정한 행동 때문이라고 생각하기보다는 부모 덕분이라고 여기기 쉽다. 반대로 만약 부모의 충고가 신통치 못한 결과를 낳을 경우, 10대들은 자기 자신의 잘못으로부터 교훈을 얻으려 하기보다는 부모 탓으로 돌리곤 한다.

한 부모가 저지른 실수가 바로 그런 것이었다. 어느 날 아들은 축구 코치가 충분히 뛸 기회를 주지 않는다고 부모에게 불평을 늘어놓았다. 아버지는 자신이 직접 코치를 만나서 아들의 불만에 대해 상의를 하겠노라고 했다. 아들은 아버지의 말에 따르기로 했다.

다음 날 아들은 화가 나서 거의 울 듯한 얼굴로 집에 돌아왔다. 코치가 자신에게 훈련에 집중을 하지 않고 열심히 노력도 하지 않는다고 말했다는 것이다. 이번 훈련에서 향상된 모습을 보여주지 않으면 다음번 경기에 내보내지 않겠다는 것이다.

아들은 아버지가 코치와 상의하겠노라고 한 것에 불만을 털어놓았다. 스스로 문제를 해결하도록 돕는 대신 부모가 나서는 우를 범함으로써 아버지는 본의 아니게 아들로 하여금 스스로의 잘못은 간과하고 아버지의 탓만 하게끔 만들어 버린 것이다.

자녀의 문제 해결에 부모가 개입하는 실수는 자녀가 어렸을 때부터 비롯된다. 매일매일 바쁜 일과 속에서 시간을 들여 자녀에게 스스로 일을 하게끔 가르치는 것보다는 '바로바로 일을 해주는' 것이 훨씬 편한 때가 많다.

전형적인 예로 여섯 살배기 아들을 키우고 있는 한 어머니의 이야기가 있다.

"아침마다 옷을 입혀서 문밖으로 내보내는 것이 너무 힘들어요. 항상 시간에 쫓겨요. 아이는 옷을 입는 것 같다가도 어느새 텔레비전 앞에 앉아 있곤 해요. 결국 내가 신발을 신기고 옷의 단추를 채운 다음 문밖으로 데리고 나와야 해요."

이 상황의 문제점이 무엇인지 알 수 있는가? 어린아이는 스스로 옷을 입어야 할 이유가 전혀 없다. 엄마가 언제나 도와주기에 아이는 그저 만화만 보면 되는 것이다. 옷 입는 법을 배울 필요가 뭐가 있겠는가?

장기적으로 볼 때 훨씬 좋은 결과를 가져다줄 방법에 다가가려면 노력이 필요하다. 어머니는 아침 일과 시간을 조정해서 아이로 하여금 스스로 옷을 입게 하여, 그렇게 했을 경우와 하지 않았을 경우의 차이를 논리적으로 배우도록 동기를 부여할 필요가 있다.

어머니는 잠자리에 들기 전에 아이의 옆에 앉아서 아침 일과 시간의 문제에 대해 이야기를 나눌 수도 있다. 다음 날 아침부터 적용할 '새로운 규칙'에 대해 이야기를 해줘도 좋다. 옷을 완전히 입기 전까지는 자기 방에 그대로 머물러 있어야 하고, 옷을 완전히 입어야만 텔레비전을 볼 수 있다고 말이다.

아이에게 새로운 규칙을 말해줄 때는 긍정적인 태도를 보여야 한다. 아이가 스스로 옷을 입어야 텔레비전을 볼 수 있다고 믿게끔 확실히 해주어야 한다. 만일 아이에게 특별히 문제가 생겨서 도움을 부모의 청할 때에 한해서만 옷을 입는 것을 도와준다. 그러나 그럴 경우에도 다음번에는 스스로 할 수 있도록 시범을 보일 수 있다.

어머니는 계획을 세워 다음과 같은 상황을 만들어 냈다.


1. 아이가 옷을 빨리 입으면 만화 보는 시간을 더 길게 허용해 준다.

2. 게으름을 부리면 만화 보는 시간을 줄인다.

3. 아이를 칭찬해서 자긍심을 키워줄 기회를 만든다(이

'새로운 규칙'을 시행하기 전에 그녀는 항상 아들이 느리다고 비난을 했었다).

4. 아이는 독립심과 책임감을 배운다.


6명의 형제를 둔 열 살 아이가 있다. 대가족답게 형제들은 각자 집안일에 책임을 맡고 있었다. 아이가 맡은 일은 식사가 끝난 다음 식기를 세척기에 집어넣는 것이었다.

그렇지만 매일 저녁 어머니는 아이에게 그 일을 시키기 위해 전쟁을 벌여야만 했다. 마침내 부모는 싸움에 지쳐 아이의 일을 거들어 주기 시작했다.

그 문제는 부모가 논리적인 전략을 세움으로써 해결할 수 있었다. 아이는 저녁을 먹은 후에 친구와 같이 자전거를 타고 근처를 돌아다니는 것을 좋아했다. 부모는 이것을 활용하기로 했다. 아이는 식기를 세척기에 집어넣는 일을 마쳐야만 자전거를 탈 수 있었다. 만약에 그 일을 하지 않거나 불평을 하면 그날 저녁에는 자전거를 타러 나갈 수 없었다.

자기 일을 빨리 마치면 마칠수록 아이는 더 많은 시간을 자전거를 타며 보낼 수 있었다. 이 해결책은 간단했지만 효과적이었다.

이와 같은 논리적인 귀결을 스스로 경험하게 하는 것은 10대를 포함하여 모든 연령의 자녀에게 크게 효과적일 수 있다.

만약 10대의 자녀가 계속 저녁 시간보다 늦게 집에 돌아오면 저녁을 남겨두지 마라. 늦게 들어오는 것의 논리적 귀결(굶고 자거나 아니면 자기가 직접 밥을 차려 먹어야 하는 것)은 부모가 직접 간섭하는 것보다 훨씬 많은 것을 아이가 배우게 한다.

마찬가지로, 만약에 10대의 자녀가 더러워진 옷을 빨래통에 넣는 것을 잊어버리면 학교에 입고 갈 옷이 없다는 교훈을 배울 수 있다. 그렇게 하는 것이 처음부터 자기 빨래는 자기가 하도록 가르치는 것보다 훨씬 더 효과적일 수 있다. 기억할 것은 우리의 궁극적 목표는 자녀를 독립적이며 책임감 있는 성인으로 키우는 데 있다는 점이다.

자녀가 자신의 행동의 결과로부터 교훈을 얻도록 하는 것은 귀중한 도구이다. 그러나 어떤 경우에는 아이의 안전이 문제가 될 수도 있으며 또한 아이의 특정 행동이 가족 구성원의 권리를 침해할 수도 있다. 이런 경우에는 부모의 직접적인 관여가 필요하다.

예를 들어, 아이가 차가 많이 다니는 길가에서 놀고 싶어 할 경우 아이의 안전이 문제가 된다. 자신의 행동 결과로 교통사고를 당하는 것은 논리적 귀결에서 교훈을 얻는 차원으로 받아들이기 힘들다.

마찬가지로, 아이가 시끄럽게 음악을 연주해서 타인에게 방해가 된다면 그것은 타인의 권리를 침해하는 것으로 부모의 직접적인 개입이 필요하다.

# 문제 해결

부모가 능동적인 역할을 해야 하는 경우에도 자녀를 그 과정에 참여시키는 것이 중요하다. 이러한 접근 방식을 우리는 '문제 해결'이라고 부른다. 그러한 경우에 단순히 지시나 명령을 내리는 것보다 문제를 함께 해결하기 위해 자녀의 협조를 이끌어내는 것이 훨씬 효과적이다. 이 접근 방식은 많은 시간과 노력을 요구한다.

그러나 동시에 부모와 자녀 사이의 불필요한 줄다리기를 감소시키는 방식이기도 하다. 자녀를 참여시킴으로써 자녀의 협조를 좀 더 많이 확보할 수 있고, 문제가 성공적으로 해결되었을 경우 성취감을 맛보게 해줄 수 있다.

문제 해결 과정은 명확하고 조용하게 문제점을 설명하는 것부터 시작된다. 감정 상태가 너무 고조되지 않았을 때 문제의 세부 사항에 대해 논의해야 한다. 비난하거나 나무라서는 안 되고 단지 문제 자체만을 간략하게 언급해야 한다.

예를 들면 이렇다.

"어제 자전거를 아빠 차 뒤에 내버려 두었지?"

"10시 이후에 음악을 연주하면 아빠하고 엄마는 잠을 자기가 어렵단다."

다음 단계는 아이로부터 가능한 해결 방법 모두를 도출해 보는 것이다. 해결 방법에 대해 섣부른 가치 판단을 내리지 말고 그대로 열거해 본다. 자녀가 스스로 해결 방법을 제시하지 못할 경우에는 부모가 몇 가지 제안을 할 수도 있다.

"이런 것은 어떨까?"나 "어쩌면 이렇게 할 수도……." 같은 말들이 효과를 발휘하기도 한다.

가능한 해결 방법을 모두 열거한 다음, 하나하나씩 의논을 나눈다. 가장 좋은 해결 방법이 나오면 한번 시도해 보고 그 결과를 점검해 보기로 합의를 한다.

문제 해결 과정의 시나리오는 다음과 같다.


[시나리오 1]

**아빠**　오늘 출근하면서 네가 또 자전거를 아빠 차 뒤에 내버려둔 것을 보았단다. 하마터면 자전거와 부딪칠 뻔했어.

**아들**　알아요, 아빠. 죄송해요.

**아빠**　네가 미안해하는 것은 알겠다. 네 스스로 일처리를 하는 게 어려운 것 같으니, 아빠와 함께 어떻게 할 것인지 생각해 보면 어떻겠니? 지금 해 보자. 어떻게 하는 게 좋을까?

**아들**　(웃으며) 좋아요. 아빠가 출근하기 전에 차 뒤를 살펴보면 어때요?

**아빠**　좋아. 다른 방법은?

**아들**　내가 잊어버리지 않고 자전거를 보관함에 두어도 되고요.

**아빠**　또 다른 건?

**아들**　없어요. 다른 건 생각나지 않아요.

**아빠**　음, 다음에도 네가 자전거를 차 뒤에 놔두면 정신 차리라는 의미에서 일주일이나 그 이상 자전거를 타지 못하거나 아니면 자전거를 그대로 차로 밀어 버릴 수도 있지.

**아들**　그건 별로 맘에 들지 않는데요.

**아빠**　자, 그럼 정리해 보자. 아빠 생각으로는 네가 잊어버리지 않도록 노력해 보겠다는 것으로는 충분하지 않아. 지금까지도 그랬잖아?

**아들**　저도 그렇게 생각해요. 하지만 아빠가 내 자전거를 깔아 버리는 건 안 돼요. 크리스마스 선물로 받은 거잖아요.

**아빠**　그러면 지금까지 말했던 방법들을 합쳐 보면 어떨까? 넌 아빠가 출근하기 전에 차 뒤를 살펴보라고 했는데 그건 충분히 할 수 있지. 만약 자전거가 거기 있다면 일주일 정도 압수해서 네가 정신을 차리도록 하자. 어때?

**아들**　일주일 대신 이틀만 압수하면 안 돼요?

**아빠**　네가 이틀이 적당하다고 생각한다면 그렇게 해 보자. 이 주일 후에 다시 한번 이 이야기를 해 보자.

**아들**　좋아요, 아빠. 고마워요.


이 예에서, 아빠는 화를 내고 아들을 때릴 수도 있었다. 그러나 대신 이 아빠는 불필요한 싸움보다는 문제 해결 과정에 아들의 협력을 끌어들였다. 아들은 협조와 문제 해결 능력을 배우게 되었고, 아마도 자기가 관여한 만큼 아버지의 지시를 좀 더 잘 따르려고 할 것이다. 이 현명한 아버지는 자동차 뒤에서 자전거를 끌어내면서 그와 함께 불필요한 부자간의 대립도 치워 버린 것이다.

이 주일 후 부자가 머리를 맞대게 되면 혹 필요할 경우 이전의 합의를 수정할 수도 있으리라. 만약 성공적으로 합의가 수행되고 있다면 아버지는 기꺼이 아들을 칭찬하여 자긍심을 한껏 키워 줄 것이다.

다음의 문제 해결 과정의 예는 의사결정 과정에 효과적으로 아이들을 개입시키는 방법을 보여 주고 있다.


[시나리오 2]

**엄마**　오늘은 숙제가 없어?

**딸**　(고개를 숙이며) 수학 문제를 풀어가야 하는데 학교에 문제집을 놓고 왔어요.

**엄마**　학교에 숙제를 놓고 온 게 이번 주에 벌써 세 번째야.

**딸**　알아요, 엄마. 죄송해요.

**엄마**　이리 와서 그 얘기 좀 해 보자. 어떻게 하면 숙제를 안 잊고 올 수 있을지 함께 생각해 봐야 될 것 같아. 계속 그렇게 숙제를 잊고 오면 성적에도 영향이 온다는 걸 알지?

**딸**　네, 알아요.

**엄마**　어떻게 할지 말해 볼래?

**딸**　안 잊어먹도록 좀 더 노력할게요.

**엄마**　좋아. 그리고 또 없을까?

**딸**　집에 와서 친구에게 전화해서 숙제가 뭔지 확인할 수 있어요.

**엄마**　그것도 한 방법이겠다. 나도 생각이 하나 있는데, 숙제장을 만들 수도 있을 것 같아. 거기다 숙제를 기입하고 수업 시간이 끝날 때 선생님이 확인 서명을 해줄 수도 있겠지. 그러면 방과 후에 틀림없이 숙제를 모두 적어 가지고 집에 돌아올 수 있잖아.

**딸**　글쎄요. 저는 잘 모르겠어요.

**엄마**　그래, 그럼 지금까지 한 이야기를 정리해 보자. 너는 숙제를 안 잊어먹도록 더 노력을 하겠다고 했지. 그게 잘 되겠어?

**딸**　(웃으면서) 이번 주에는 별로였다고 생각해요.

**엄마**　그리고 또 매일 저녁 친구에게 전화를 걸겠다고 했지. 어쩌면 친구가 매일 저녁 너에게 이야기해 주는 걸 귀찮아하지는 않을까?

**딸**　어쩌면 그럴 거예요.

**엄마**　그래. 그럼 숙제장을 사용하는 건 어때?

**딸**　매일 선생님한테 서명을 받는 건 싫어요. 바보처럼 보일 거예요.

**엄마**　이러면 어떨까? 지금 함께 컴퓨터로 숙제장을 만들어 보자. 엄마한테 네 스스로 숙제를 적고 확인할 수 있다는 걸 보여 주면 선생님한테 서명을 받아 오라고 하지 않을게. 1~2주일 정도 숙제장을 사용해 보고 다시 상의하자. 어떻게 생각해?

**딸**  괜찮을 것 같아요. 고마워요, 엄마.


이 예에서 아이는 단순히 문제 해결의 과정에 관한 것뿐만 아니라 그렇게 해결하기를 원하는 동기를 강하게 부여받고 있다(선생님의 서명을 안 받아도 된다는 것).

만약 이 어머니가 지금처럼 계속 현명하다면 이 주일 후에 문제 해결 여부를 다시 점검한 다음, 딸에게 칭찬이나 다른 구체적인 보상을 줄 것이다.

'엄마가 아빠가 해줄게'라는 함정에서 벗어나려면 가능한 한 자녀에게 자연적이고 논리적인 귀결을 경험하게 하고 그것에서 배우도록 하는 것이 중요하다.

보다 직접적인 개입이 필요한 경우 '문제 해결' 방식을 채택하면 문제 행동을 감소시키는 데 도움이 되며, 자녀에게 부모의 문제 해결 방법을 적절히 모방할 수 있는 기회를 줄 뿐만 아니라 독립심과 책임감을 키워 준다.

가능한 한 자녀가 논리적인 귀결에서 교훈을 얻도록 하라. 부모가 대신해서 일처리를 함으로써 자녀의 욕구 불만과 남에게 의지하려는 마음을 조장할 수 있다. 자녀의 안전이나 타인의 권리 침해가 문제가 되는 경우에는 논리적 귀결에서 교훈을 얻는 방식은 적합하지 않다. 부모의 직접적인 개입이 필요할 경우 '문제 해결' 방식을 적용하라.

## 5장 묻고 답하기

다음의 문장을 읽고 적당한 답을 찾아보라.


1. 서둘러 문제를 해결해 주려는 부모는 어떠한 결과를 초래하는가?

A. 남에게 의지하려는 마음을 조장     B. 좌절감 야기

C. 욕구 불만 조장                     D. 위의 세 가지 모두


2. 저녁을 먹은 다음 설거지를 하지 않고 그대로 두었을 경우의 논리적 귀결은 무엇인가?

A. 일주일간 외출 금지     B. 설거지를 할 때까지 식사 지연

C. 텔레비전 시청 금지     D. 취침 시간 1시간 단축

3. 자녀에게 자신이 한 행동의 논리적 귀결에서 교훈을 얻도록 하는 방식이 적절하지 못한 경우는 무엇인가?

A. 타인의 권리가 침해될 때          B. 밤이 깊었을 때

C. 안전이 문제가 될 때             D. A와 C

4. 부모가 직접 개입해야만 하는 경우 '문제 해결' 방식이 훌륭한 도구가 된다. 이 방식의 장점은 무엇인가?

A. 시간 절약이 된다.

B. 자녀의 협조를 이끌어 내고 불필요한 힘겨루기를 막아 준다.

C. 보다 손쉽다.

5. '문제 해결' 방식의 첫 단계는 문제가 되는 상황을 명확하고 차분하게 밝히는 것이다. 다음 중 어떤 발언이 이에 가장 부합되는가?

A. "부모님이 집에 없을 때는 친구를 데려오면 안 된다고 몇 번 말했지?"

B. "너와 네 친구들만 집에 있으면 무슨 일이 생길까 걱정이 된단다."

6. 다음 중 어떤 것이 옳은가?

A. 문제 해결 방안은 전부 순서대로 열거되어야 한다.

B. 각 문제 해결 방안을 하나하나씩 평가해야 한다.

# 답

1번 문제의 답은 D이다. 자녀 교육의 궁극적인 목적은 독립적이고 책임감 있는 성인으로 성장시키는 것이다.

2번 문제의 답은 B이다. 이렇게 하면 부모가 직접 개입할 필요 없이 목적한 바를 교육할 수 있다.

3번 문제의 답은 D이다. 안전이나 타인의 권리 침해가 문제가 되는 경우에는 부모가 직접 개입하는 것이 필요하다.

4번 문제의 답은 B이다. 자녀는 문제를 효과적으로 해결하는 방법을 배우게 되며 부모가 대신 해결해 주었다는 인상을 받지 않게 된다.

5번 문제의 답은 B이다. 두 번째 방식으로 말하는 것이 문제를 명확하게 언급하는 것이고 또한 자녀가 방어적인 태도를 취하지 않도록 해준다.

6번 문제의 답은 A이다. 문제 해결 방안은 전부 열거되어야 한다.

# 실수 6

# 편 가르기

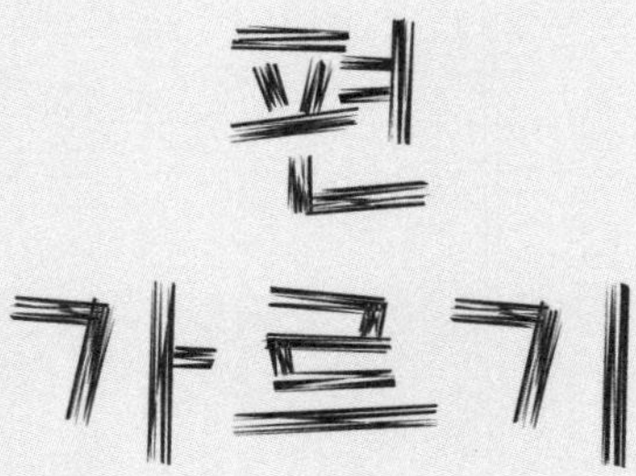

**부모 대 자녀** 같은 사고방식은 가족 간의 불필요한 긴장과 힘겨루기, 욕구 불만을 낳는다. 가족회의를 통해 양육 기술을 연마할 수 있다.

상담을 하러 오는 가족 대부분은 공통점이 있다. 가족의 사이가 어떤 인위적인 선에 의해 나뉘어 있다고 생각하는 점이다. 흔히 그 선은 부모와 자식 간에 그어져 있다.

'우리 편과 저쪽 편'이라는 의식이 팽배해 있는 것이다.

어떤 가족이나 힘을 가지고 있는 쪽은 부모이다. 이 내재된 힘의 불균형이 권위주의적인 자녀 교육 방식을 선호하게 만드는 경향이 있다. 이와 같은 상황에서 자녀는 일반적으로 분노와 좌절감, 욕구 불만 등 반항과 부모와의 지나친 줄다리기를 야기하는 감정을 느끼게 된다.

이러한 부모와 자녀 간의 줄다리기는 여러 가지 형태를 띤다. 예를 들어 한 어머니는 2년 전에 이혼을 했는데 요즘 들어 다시 남자를 사귀기 시작했다. 거기에서 일곱 살 딸아이와 문제가 생겼다. 항상 어머니의 관심의 대상이었던 아이는 점점 반항적이 되어 갔고 어머니의 남자친구가 집으로 저녁을 먹으러 오거나 데이트를 할 때면 신경질을 부렸다.

어머니는 확실한 어조로 딸에게 그런 태도를 고치지 않으면 벌을 주겠다고 경고를 했다. 그러나 경고에도 불구하고 딸의 태도는 그대로였다.

열세 살 먹은 아들을 키우는 한 아버지도 이와 비슷한 문제를 겪고 있었다. 그는 직업 때문에 여행을 많이 해야 했고 한두 주씩 집을 떠나 있는 경우가 종종 있었다. 여행에서 돌아오면 그는 방을 깨끗이 정돈하지 않았다든지, 정원

의 잔디를 깎지 않았다든지, 옷가지를 정리하지 않았다는
이유로 아들을 나무라곤 했다.

나에게 상담을 하러 왔을 때 아버지와 아들은 서로에게 불
만스럽고 화가 난 모습이었다. 처음 상담 중에는 말도 섞지
않을 정도였다.

이러한 갈등을 미연에 방지하려면 어떤 공통된 문제점을
해결하는 데 단결된 팀으로서의 가족의 역할을 강조하는
보다 협조적인 방식이 필요하다. 부모에게 문제 해결을 위
한 도움을 편안하게 청할 수 있는 자녀는 그렇지 못한 아이
들보다 자신감과 자기의 존재에 대한 가치를 인식하고 있
다.

# 가족회의

가족 간에 보다 협조적인 분위기를 만들기 위해 취할 수 있는 가장 강력한 도구 중의 하나가 가족회의이다. 가족회의란 가족이 정기적으로 모여 공통된 관심사와 희망 사항, 제안, 문제점, 성취 결과, 자기 감정, 의문 사항들을 서로 이야기하는 것을 말한다.

어떤 주제이든 상관없다. 가족 구성원이 공통된 관심사를 서로 이야기하는 것 외에 가족회의의 중요한 기능은 여러 가지가 있다.

정기적으로 열리는 가족회의에 참석함으로써 가족들은 자신들이 가정 안에서 권한과 지배력을 가지고 있다는 느낌을 가질 수 있다. 또한 자신의 생각과 관심사를 가족들이 모두 경청하고 평가해 준다는 믿음이 생겨 자신의 존재를 더욱 가치 있게 생각하게 된다. 또한 가족 구성원들이 협조 속에서 규칙을 정하기 때문에 가족 간의 불협화음을 최소화할 수 있다.

가족회의를 열 때는 다음 주요 지침들을 명심해야 한다.


**1. 가족회의는 주기적으로 열려야 한다.** 일정하게 열리는 회의는 예측 가능성과 일관성을 느끼게 해준다. 가족들은 매주 자신들의 관심사를 이야기할 수 있는 장소가 열린다는 것을 알게 된다. 회의는 통상적으로 15분에서 1시간 정도 한다.


**2. 솔직하고 편하게 이야기할 수 있는 '격의 없는' 장소를 골라야 한다.** 부모와 자식 모두 가능한 한 동등한 자격을 가져야 한다. 감정을 토로하는 것은 그 방식이 적절한 경우 결코 금지시켜서는 안 된다(욕설과 구타 따위가 아니라면). 자기가 하

는 말을 다른 구성원들이 경청하고 있다는 것을 느껴야만 한다. 비록 자신이 원하는 결과가 나오지 않을 수 있더라도.

3. 회의 중에는 가족 모두 발언할 기회를 가져야 한다. 매주 다른 사람이 사회를 보도록 하는 것도 좋다. 아이들은 직접 사회 진행을 맡아 봄으로써 정말 신나는 기분, 자기에게 권한이 주어졌다는 기분을 느낄 수 있다. 간혹 어른들이 진행을 도와주어야 할 때도 있다.

4. 아이에게 먼저 발언할 기회를 주어라. 아이가 자기의 관심사를 말하면 그것을 경청하고 난 후에 부모가 발언하는 것이 좋다. 이때 부모가 먼저 지난번 회의에서 이야기된 문제의 진전 상황을 지적하고 잘된 행동들을 칭찬한 다음 새로운 문제점을 거론하는 것이 바람직하다.

5. 가족회의에서 합의된 사항은 다음 회의 때까지 지켜져야 한다. 물론 합의 사항을 변경해야 할 필요성이 생기는 것은 당연하지만

이때에도 가족회의의 테두리 내에서 이루어져야 한다.

"그 일이 너에게 있어 중요하다는 걸 알겠어. 내일 가족회의에서 토론을 해보는 게 어떻겠니?"라든지 "그 규칙을 수정해야 할 필요가 있는 것 같구나. 가족회의 때 이야기하자." 같은 말을 함으로써 불필요한 갈등을 예방할 수 있고 다음 가족회의 때까지 문제 확대를 잠재울 수 있다.

**6. 행동 계획이나 합의를 이끌어낼 때는 가족 전체의 동의를 바탕으로 이루어져야 한다.** 투표 방식은 경쟁심을 유발하므로 그리 썩 좋은 방안이 아니다. 만장일치가 이루어지지 않는다면 일단 주제를 다른 데로 돌리고 그 문제는 다음 회의에서 다루자고 제안해 본다. 그다음에도 만장일치가 계속 불가능할 경우 부모가 최종 결정을 하게 된다는 것을 자녀에게 이해시킨다.

가족회의를 처음 할 경우 자녀는 그 과정이 익숙하지 않아 말하기를 주저할지도 모른다. 그렇더라도 우려할 것은 없다. 주저하는 아이에게는 말할 준비가 되면 그때 발언하라고 하고 먼저 부모가 보고 느낀 점, 칭찬할 사항, 관심 사항에 대해 이야기하면 된다. 보통 1~2주가 지나면 아이들은 가족회의 방식에 익숙해진다.

상담을 하러 온 가족에게 모의 가족회의를 하도록 했다. 이 가족은 부부와 열두 살의 딸, 열다섯 살의 아들로 구성되어 있다.


**딸**　집안일 분담에 대해서 말하고 싶어요. 내가 매일 저녁 접시를 헹구어야 하는 건 불공평하다고 생각해요. 오빠가 하는 일이라곤 식기세척기에 접시를 집어넣는 것뿐이에요.

**아들**　그렇지만…….

**아빠**　동생 말이 다 끝날 때까지 기다려. 너한테도 말할 기회를 줄 테니까.

**딸**　접시를 헹구는 건 접시를 나르는 것보다 훨씬 힘들어요. 일을 다 끝내고 나면 숙제할 시간도 없어요.

**아들**　맞아요. 설거지를 마치고 나면 거의 잠자리에 들 시간이에요. 그런데 엄마, 아빠는 우리가 일하는 동안 앉아서 이야기만 하고 있잖아요. 공평하지 못해요.

**엄마**　한 번에 하나씩만 이야기하자, 괜찮지? 작은애 너는 접시를 헹구는 게 접시를 나르는 것보다 힘들다고 생각하는 거지?

**딸**　네.

**엄마**　큰애 너는 하루씩 교대로 접시를 헹구고 나르는 게 어떻겠니?

**아빠**　내 생각에는 하루씩 바꾸면 누구 차례인지 확인하는 데 문제가 있을 것 같다. 일주일 단위로 바꾸면 어떨까?

**딸**　저는 좋아요.

**아들**　저도 좋아요. 그렇지만 숙제 문제랑 아빠 엄마가 전혀 돕지 않는 문제는요?

**엄마**　난 음식을 만들잖아. 그건 아무도 도와주지 않아.

**아빠**　엄마 말이 옳다. 음식 만드느라 엄마는 지친단다. 너희가 숙제하는 데 시간이 부족하다고 하니까……. 이렇게 하자. 평일에는 너희가 빨리 일을 끝마치도록 아빠가 도와줄게, 어때?

**딸, 아들**　좋아요!


　의견 대립이 있는 가족을 상담할 때는 가족회의가 문제 해결에 놀랍도록 효과적인 도구라는 것을 깨닫곤 한다. 자녀는 자기의 의견이 존중받는 데서 가족의 의사결정 과정에 참여하고 있다는 느낌을 크게 받는다. 항상 자기의 생각을 표현할 수 있는 방법이 있으므로 덜 공격적이고 덜 반항적이 된다.

"다음 가족회의에서 토의할 좋은 의제구나." 같은 말을 함으로써 그날그날 일어날 수 있는 긴장을 해소시킬 수도 있다. 간단히 말해, 가족회의란 가족 구성원 모두를 승리자로 만들 수 있는 방법이다.

# 팀플레이

가족을 한 팀으로 여기게끔 자녀를 키우는 것은 여러 가지 장점이 있다. 자신을 '가족 팀'의 소중한 일원으로서 느끼고 있는 아이들은 보다 협조적이고 함께 문제를 해결하려는 경향이 있다.

직장에서 사람들이 어떻게 반응하는지를 생각해 보자. 중요한 의사결정 과정에 직원들을 참여시키는 회사들이 보다 효율적이다. 독재적이고 무자비한 상사와 일을 해야만 하는 직원들은 무력감과 욕구 불만을 느끼게 된다. 가족도 똑

같은 법이다.

한 어머니가 열다섯 살의 아들과 함께 상담을 찾아왔다. 그녀는 이혼해서 홀로 아들을 키우고 있었다. 그녀의 전 남편은 제대로 양육비를 주고 있지 못했고 그 결과 살림살이는 항상 빠듯했다.

아들은 학교에서 그리 심각하지 않은 사소한 문제점들을 안고 있었다. 훌륭한 엄마가 되기를 원하는 어머니는 아들이 잘못을 할 때마다 큰 소리로 야단을 치곤 했다.

돈 문제 때문에 아들과 말다툼을 하는 경우도 있었다. 아들은 새 신발이나 너무 비싸서 엄마가 사줄 수 없는 물건들을 갖고 싶어 했다. 아들은 계속해서 엄마에게 왜 자기는 갖고 싶은 것을 가질 수 없느냐고 졸라댔다.

엄마는 아들에게 혼자 아이를 키워야 한다는 데서 받는 스트레스를 퍼붓곤 했다. 모자간의 다툼은 악순환을 계속했다.

이 가족의 문제를 해결하는 방법은 서로를 바라보는 시각을 교정하는 것이었다. 아들은 엄마를 전권을 쥐고 있는 결정자로, 엄마는 아들을 철부지로 보는 경향이 있었다.

아들은 좌절감과 분노를 점점 크게 키워가고 있었고 어머니는 아들이 대드는 것에 마음이 상해서 그렇지 않아도 힘든 삶을 더욱 고단하게 느끼고 있었다.

모자가 서로를 하나의 팀으로 보기 시작하면서 상황이 바뀌기 시작했다. 서로가 상대방에게 얼마나 의존하고 있는지를 알게 되면서 두 사람은 부정적인 감정을 털어내기가 수월해졌다.

어머니는 아들을 옆에 앉히고 가계의 재정 상태를 설명하고 왜 원하는 것을 사줄 수 없는지 납득시켰다. 아들은 어머니가 가정의 중요한 문제를 자신에게 이야기해 준 것에 기뻐하며 앞으로도 자기를 존중해 주기를 바랐다. 모자의 관계는 긍정적이고 서로 도움을 주는 방향으로 바뀌었다.

가족 중 가장 큰 힘을 가지고 있는 존재는 단연코 부모이다. 자녀에게 복종을 요구하기 위해 이 힘을 사용하는 것은 어려운 일이 아니다. 그러나 아이들이 맹목적으로 복종하도록 가르치는 것이 우리의 궁극적인 목표인가?

나는 그렇게 생각하지 않는다. 강압적인 방식은 단지 아이들의 욕구 불만을 키우고 나아가 가족 구성원 간의 비생산적인 줄다리기를 불러올 뿐이다.

팀플레이를 강조하는 방식이 훨씬 효과적이다. 이 방식은 협동심과 감수성을 키워 준다. 아이들에게 다른 사람과 효과적으로 함께 일하는 법을 가르쳐 주고 능력과 자부심을 느끼게 한다.

팀플레이 방식의 장점을 실감한 한 가족이 있다. 어머니는 뒤늦게 회계학 학위를 따려고 학교로 돌아가기로 결정했다. 여러 해 동안 집안일만 돌보아 왔던 터라 자기의 만학 때문에 남편과 두 아이의 역할에 많은 영향이 미칠 것임을 쉽게 짐작할 수 있었다.

가족이 모여 어머니의 공부가 미칠 영향에 대해 상의를 했다. 먼저 어머니는 아이들에게 학위를 딸 경우 얼마나 기쁠지를 이야기했다. 또한 자신이 집에 있는 시간이 줄어들게 될 것이며 그래서 집안일이 영향을 받게 될 것임을 설명했다.

그녀는 아이들에게 엄마가 집에 없는 시간이 늘어나는 것에 대해 어떻게 느끼는지 말해 보도록 했다. 또한 아이들이 학교에서 돌아왔을 때 예전과 어떤 점이 다르게 될지에 대해서도 이야기를 나누었다.

그녀는 아이들에게 빨래나 식사 준비 같은 일을 도와달라고 부탁했다. 그리고 마지막으로, 엄마가 다시 공부를 할 수 있도록 도와주어서 고맙다는 말을 했다. 아이들의 협조와 이해에 정말 감사한다고. 정리하자면, 그녀는 아이들을 참여시켰고 그들을 '가족이라는 팀'의 중요한 구성원으로 여기게 만든 것이다.

이 가족의 사례는 또 다른 중요한 점을 시사해 주고 있다. 가족회의를 규칙적으로 여는 것이 이상적이기는 하지만 형식을 갖추지 않더라도 팀플레이를 강조하는 방식이 효과가 있다는 사실이다.

중요한 사안에 대해서 그때그때 가족 구성원을 모아 상의를 하는 것 역시 효과적이며 가족 간의 유대감을 증대시켜 준다.

## 형제간의 경쟁의식을 극복해 주는 팀플레이

부모가 가장 많이 상담을 요청하는 문제는 형제간의 경쟁의식을 어떻게 다루는가 하는 점이다. 형제간에 티격태격하는 것은 지극히 자연스러운 일이다. 그러나 아이들이 부모가 개입해야 할 정도로 서로 다른 욕구를 가지고 있거나 또 형제간의 경쟁을 특별히 강조하는 경우 문제가 발생하는 것 같다.

이때에도 팀플레이 방식이 크게 효과적일 수 있다.

열네 살의 아이와 아홉 살의 아이를 둔 부부가 있다. 첫째는 학교 성적이 뛰어났는데 둘째는 학습장애가 있었다.

첫 상담에서 어머니는 걱정스럽고 혼란스런 모습으로 첫째가 부모가 학교 성적에 대해 취하는 태도에 심하게 불평한다고 걱정을 했다.

둘째의 성적은 나빴지만, 솔직히 부부는 둘째가 낙제만 하지 않아도 만족을 했다. 하지만 첫째에게는 좋은 성적을 기대했다. 첫째는 그것이 공정하지 못하다고 생각했다.

나의 제안대로 부모는 첫째를 앉혀 놓고 둘째가 겪고 있는 학습장애에 대해 설명을 했다.

자기의 잘못도 아닌데 비난을 받는 것이 첫째에게는 더 납득하기 어려울 것이라고 감안해서 첫째의 생각이 잘못이라는 느낌을 받지 않도록 조심스럽게 말했다. 둘째가 자신에 대해 실망감을 느끼지 않고 최선을 다해 얻은 성적에 대해 자부심을 느낄 수 있도록 엄마 아빠가 노력하는 데 첫째의 도움이 필요하다는 말도 덧붙였다.

자신도 집안의 문제 해결 과정에 개입되었다는 사실이 첫째의 마음을 움직였다. 문제 해결에 뭔가 보탬이 되는 가치 있는 존재로서의 자신을 발견할 수 있었기 때문이었다. 불공평하다고 생각했던 마음은 이미 사라져 버렸고 심지어 동생의 숙제를 도와주기 시작했다.

협조적인 팀플레이 강조 방식은 좀 더 사려 깊은 노력을 필요로 한다. 그러나 거기서 얻을 수 있는 커다란 보상은 이러한 노력을 가치 있는 것으로 만들어 준다. 이 방식을 적용해 본 부모는 아이들의 태도와 협조 정신이 몰라볼 정도로 향상되는 것에 놀란다.

'부모 대 자녀' 같은 사고방식은 가족 간의 불필요한 긴장과 힘겨루기, 욕구 불만을 낳는다. 가족회의를 통해 양육 기술을 연마할 수 있다.

**가족회의를 효과적으로 운영하기 위한 지침은 다음과 같다.**

-가족회의는 규칙적으로 정해진 시간에 해야 한다.

-열린 대화를 북돋아 주어야 한다.

-가족 구성원 모두 발언할 기회를 가져야 한다.

-아이들에게 먼저 발언할 기회를 주어야 한다.

-가족회의에서 이루어진 사항은 다음 회의 때까지 변경해서는 안 된다.

-어떤 문제에 대해서나 일단 만장일치가 이루어지도록 노력한다. 만약 불가능할 경우 부모가 최종 결정권을 갖도록 한다.

## 6장 묻고 답하기

다음의 문장을 읽고 적당한 답을 찾아보라.

1. 대부분의 가정에서 실권을 쥐고 있는 사람은 누구인가?

A. 자녀                    B. 부모

C. 조부모               D. 애완동물

2. 협조적인 것을 강조하는 부모는 다음 중 어떤 감정을 아이에게 갖도록 하는가?

A. 자신감과 자부심

B. 죄의식과 부끄러움

C. 혐오감과 혼란함

D. 위의 세 가지 모두

3. 가족회의의 기본 조건은 무엇인가?

A. 적어도 한 시간 정도 열어야 한다.

B. 주말에만 열어야 한다.

C. 정기적으로 열어야 한다.

D. 문제가 발생할 때만 열어야 한다.

4. 가족회의에서 누가 먼저 발언을 하는 것이 좋은가?

A. 최연장자                 B. 부모

C. 자녀                     D. 가장 커다란 문제를 가지고 있는 사람

5. 가족회의 도중에 감정 표현은?

A. 장려해야 한다.          B. 억제해야 한다.

6. 가족회의에서 얻은 합의사항은?

A. 문제가 생기면 다시 논의해야 한다.

B. 다음 회의 때까지는 지켜야 한다.

C. 공개적으로 알려야 한다.


7. 가족회의에서 가족들의 발언은 모두 경청해야 한다. 그러나 최종 결론은?

A. 부모가 내린다.

B. 투표로 정한다.

C. 만장일치로 정한다.

D. A 아니면 C


## 답

1번 문제의 답은 B이다. 부모는 더 크고 강하고 경험이 많고 또 돈을 관리한다.


2번 문제의 답은 A이다. 자녀는 자기의 의견과 기분이 진심으로 받아들여지기를 바라고 또 자신이 가족 안에서 힘이 있는 존재이기를 원하는 경향이 있다.

3번 문제의 답은 C이다. 비록 짧더라도 정기적으로 열리는 회의는 확고함과 예측 가능함을 느끼게 한다. 그 효과는 엄청나게 다르다.

4번 문제의 답은 C이다. 자녀가 먼저 발언을 할 수 있어야 한다. 그래야만 아이들이 부모의 발언에 대한 느끼게 되는 구속감 없이 자유롭게 자기의 생각을 말할 수 있다.

5번 문제의 답은 A이다. 가족회의는 감정이 자유롭게 표현될 수 있는 편안한 장소에서 이루어져야 한다.

6번 문제의 답은 B이다. 합의 사항을 수정할 필요가 생길 수도 있다. 그러나 불필요한 문제를 방지하기 위해 다음 가족회의 때까지는 수정하지 않고 지켜야 한다.

7번 문제의 답은 D이다. 만장일치를 추구하는 것이 바람직하나 만약 불가능할 경우 부모가 최종 결론을 내린다.

# 파괴적인 벌주기

**화가 난 상태에서는 벌을 주지 마라.** 벌을 줄 때는 적절한 시기를 골라라. 실행 가능한 벌을 주어라. 선택의 기회를 주어라.

어느 가정이나 어쩔 수 없이 자녀에게 벌을 주게 되는 경우가 있다. 다른 경우와 마찬가지로 이때에도 부모는 확실한 행동 계획을 가지고 있어야 한다. 그렇지 않으면 실수를 저지르게 되고 이런 실수는 벌의 효과를 반감시키고 나아가 자녀의 자의식에 심각한 타격을 주게 된다.

# 화가 난 상태에서는 벌을 주지 마라

화가 나 있을 때 자녀에게 벌을 주려고 하는 것은 가장 해로운 영향을 주는 실수 중 하나이다.

하나의 예를 들어 보자. 최근에 이혼을 하고 혼자 딸아이를 키우는 어머니가 있다. 그녀는 하루 종일 일을 나가야 했기에 딸아이가 학교에서 집에 돌아오면 집안일을 도와주길 바랐다. 딸은 그렇게 하겠다고 약속했다.

그러나 그녀가 집에 돌아오면 딸은 집안일을 다 마치지 않은 채 전화로 친구와 이야기를 나누고 있는 경우가 종종 있었다. 일과 퇴근길 피로에 지친 어머니는 그 광경을 보면 화가 나서 딸에게 잔소리를 해댔고 곧 모녀간의 고함소리로 집 안이 시끄러워지곤 했다.

모녀가 상담을 찾았을 때 두 사람은 서로 화가 나서 소파의 양쪽에 따로 앉을 정도였다. 모녀의 문제점은 주로 시간이 서로 잘 맞지 않아서 발생한 것 같아 보였다. 엄마는 집에 돌아왔을 때 으레 딸이 맡은 일을 다 해놓지 않았을 거라고 생각하고 현관문을 열고 들어오기 전부터 마음속이 부글부글 끓어오르곤 했다. 딸이 일을 제대로 하지 않았다는 것을 확인한 즉시 엄마는 화를 폭발시켰고 딸 또한 화가 난 상태로 만들곤 했던 것이다.

이런 파괴적인 방법 대신 나는 그녀에게 다른 방법을 권했다. 일을 마치고 집에 돌아오면서 딸이 집안일을 다 해놓았기를 바라지 말고, 그날의 집안일을 그다음 날이 되어서야 끝낼 수 있을 것으로 생각하도록 했다. 딸이 집안일을 하지 않았다는 사실을 받아들일 수 있다면 불같이 화를 내면서 딸과 전쟁을 하는 것을 피할 수 있을 것이었다.

모녀가 둘 다 차분하고 덜 자기 방어적인 상태에서 '나중에' 그 문제를 거론하도록 처방을 내려주었다. 그녀는 내 말에 동의를 하고 딸과 다음과 같은 이야기를 나누었다.

**엄마**  네가 할 일이 제대로 끝마쳐져 있지 않은 것을 보고 화를 내는 게 정말 싫다는 걸 알아주었으면 해. 화를 내는 것 자체가 엄마는 언짢고, 너 역시 마찬가지일 거라고 생각해.

**딸**  엄마는 정말 화를 너무 잘 내요. 엄마가 하루 종일 일을 하고 그래서 내가 엄마 일을 도와야 한다는 건 알아요. 나도 정말 돕고 싶어요. 하지만 나도 하루 종일 공부를 하고 나면 쉴 시간이 필요해요. 친구가 전화를 하면 통화를 하고 있을 수밖에 없잖아요. 그러다 보면 어느 순간 엄마가 현관에 서서 고함을 치는 거예요.

**엄마**  너에게 휴식 시간이 필요하다는 걸 미처 생각하지 못한 것 같구나. 우리 이러면 어떨까? 네가 집에 돌아오면 일단 냉장고에서 저녁거리를 꺼내놓고 세탁기를 돌리는 거야. 그런 다음 네 시간을 좀 갖고. 엄마가 돌아오면 함께 저녁을 만들고 빨래를 널면 어떨까?

**딸**  다른 일들은 어떻게 하고요?

**엄마**  토요일 아침까지 미뤄두면 어떨까? 아침에 일어나서 함께 빨리 해치워 버릴 수 있지 않겠니? 어때?

**딸**  좋아요.

# 벌을 줄 때는 적절한 시기를 골라라

벌의 효과가 성공적인지 아닌지를 결정하는 주요 요인은 여러 가지가 있다. 앞서 모녀의 경우에서 보는 바와 같이 가장 중요한 것은 적절한 시기이다. 벌을 주어야 하는 경우 대부분이 화가 나 있는 상태라는 점에서 특히 그 중요성을 갖는다.

감정이 격해졌을 때는 사람들은 대부분 '심리적인 장벽'을 높이게 되며 당면한 문제 자체의 해결책을 모색하는 것보다 자기를 방어하고 상대방에게 반격을 가하는 데 더 많은 시간을 쏟는 법이다.

감정 상태가 보다 안정적일 때 문제점을 거론하는 것이 긍정적인 결과를 얻게 될 가능성이 훨씬 커진다. 감정이 가라앉은 다음에 문제점을 거론하면 상대방의 말을 경청하고 적절한 대응을 찾을 수 있다.

자녀의 잘못된 행동을 보면 즉시 지적을 하는 것이 최선일 때도 있지만 그렇게 할 수 없는 경우도 많다. 그럴 경우 이런 식으로 자녀에게 말하는 것이 가장 좋다.

"지금 아빠는 몹시 화가 나 있어. 그렇지만 화를 가라앉히고 이 문제를 생각해 볼게. 이따 저녁에 이야기하자."

열네 살짜리 아들을 둔 어머니가 상담을 하러 왔다. 벌을 주거나 훈계를 하려고 할 때마다 아들이 말대답을 한다는 것이 그녀의 걱정거리였다.

두 차례 상담을 하고 나자 문제의 원인을 확실히 파악할 수 있었다.

그녀는 아들의 친구들 앞에서 훈계하려고 했던 것이다. 열네 살짜리 남자아이에게는 친구들이 점점 더 커다란 의미를 갖게 된다. 그녀의 아들은 어렸을 때보다 자주 친구들을 집에 데리고 와서 게임을 하거나 함께 밤을 새우곤 했다. 10 대 초반의 자연스런 행동인 것이다.

문제는 아들이 해야 할 일을 안 했거나 옷가지를 바닥에 그냥 떨어뜨려 놓은 것을 보면 그녀는 아들에게 쫓아가 훈계를 한다는 것이었다. 아들은 친구들 앞에서 체면을 세우려고 엄마에게 대들거나, 친구들이 재미있어 할 만큼 투덜거리곤 했다.

이 문제는 그녀가 적당한 시기에 아들을 훈계하는 법을 배우면서 곧 해결할 수 있었다. 그녀는 아들 친구들이 돌아간 다음 아들에게 문제가 있는 행동에 대해 말을 했다. 그녀는 아들이 이전의 반항적인 태도에서 벗어나 훨씬 협조적으로 변하는 것을 발견할 수 있었다.

# 비난을 하지 마라

화가 많이 난 상태에서 벌을 줄 때 빚어질 수 있는 부작용은 여러 가지가 있다. 대화를 단절시키고 마찰을 심화시키는 것 외에 마음에 없던 말을 뱉어내게 되기도 한다. 화가 나서 내뱉은 날카로운 말이 내는 상처는 아무는 데 오랜 시간을 필요로 한다.

화가 났거나 속이 상했을 때 거친 말을 하고 싶은 것은 자연스런 현상이다. 그러나 그렇게 하는 것은 아이들에게 나쁜 영향을 줄 수 있다.

이 교훈을 매우 힘들게 배운 한 가족이 있다.

열한 살인 첫째는 항상 여덟 살짜리 여동생과 티격태격했다. 동생은 오빠와 싸우게 되면 항상 아빠에게 달려가 고자질을 하곤 했다. 아빠가 자기편을 들어줄 것을 알았기 때문이었다. 아이들의 다툼 때문에 편안한 저녁 시간을 침해당하는 것에 짜증이 난 아버지는 아들의 방으로 달려올라가 소리를 치곤 했다.

아버지가 큰 소리로 하는 말은 이를테면 "도대체 왜 그러니? 아직도 동생이랑 다툴 정도로 철이 덜 들었니? 동생을 그냥 놔두라고 몇 번 말했니? 뭐냐? 바보냐?"였다.

아버지의 말은 2년 후 아들의 성적이 떨어지기 시작했을 때 그에게로 다시 되돌아왔다. 아버지가 다그치자 아들의 대답은 이랬다.

"봐요, 아빠는 언제나 내가 바보라고 했잖아요. 그런데 왜 놀라는 거예요?"

아버지의 말 때문에 아들의 성적이 떨어지지는 않았을 것이다. 그러나 아들의 대답이 이렇게 나온 것은 아버지가 자기를 어떻게 불렀는지를 여러 해 동안 마음에 간직하고 있었다는 것을 반증하고 있다.

자기를 부정적으로 부르는 것을 여러 번 들을 경우 아이들은 자신이 진짜 그렇다고 믿게 된다.

상담을 하다 보면 얼마나 많은 사람들이 어렸을 때 들었던 부정적인 말들을 성인이 될 때까지 지니고 있는지를 알고 깜짝 놀란다. 나이를 먹어서도 여전히 바보, 뚱뚱이, 못난이, 게으름뱅이와 같이 아이였을 때 부모가 자기를 부르던 부정적인 별명에서 벗어나지 못하고 있는 것이다.

그들은 의식 저 깊은 곳에 부정적인 낙인이 새겨진 채 살아가고 있는 것이다. 그 낙인이 어디에서 비롯된 것인지 의식하지도 못하는 채로.

# 실행 가능한 벌을 주어라

부모는 화가 날 경우 자녀에게 너무 지나치고 실행하기 어려운 벌을 주는 경향이 있다. 나는 많은 어린이들이 부모의 처벌을 우습게 생각하는 것을 보아 왔다.

그 이유는 부모조차 그 처벌을 엄격하게 지키는 것이 불가능하다는 것을 아이들이 알고 있기 때문이다.

자녀의 학교 성적을 대단히 중요하게 생각하는 한 어머니가 있었다. 그녀는 항상 자기 아이가 최고가 아니면 안 된다고 생각했다.

아이는 중상위권 수준의 성적을 유지했는데 만일 중위권으로 떨어지면 어머니는 화가 나서 다음 시험 때까지 딸에게 외출 금지를 벌로 내리곤 했다.

딸은 그 처벌을 별로 개의치 않았다. 왜냐하면 엄마가 결국 누그러져서 일관성 있게 벌을 주지 않을 것임을 잘 알고 있었기 때문이다. 학교 행사 등 예외를 인정받을 일은 수없이 많았고 결국 어머니가 먼저 그 벌을 거두어들일 터였다.

학교 성적이 떨어졌다고 학생에게 외출 금지를 내리는 것이 타당하다고 생각하지는 않는다. 그러나 만약 어머니가 진정으로 아이에게 벌을 내려야 한다고 생각했다면 쉽사리 예외가 인정되지 않는, 간단하고 이행하기 쉬운 벌을 내리는 것이 타당할 것이다.

위 사례에서 어머니는 언제나 화가 난 상태에서 벌을 주었기 때문에 보다 효과적인 처벌 방법을 생각하기 어려웠던 것이다. 먼저 화를 가라앉히고 좀 더 차분해졌을 때 보다 효과적인 방법을 생각하는 것이 더 옳았을 것이다.

# 선택의 기회를 주어라

벌을 줄 때 고려해야 할 또 다른 중요 요인은 선택의 기회를 주는 것이다.

이 방식은 아이들에게 자신이 상황을 통제한다는 느낌을 주며, 대항하거나 반항하려는 충동을 완화시켜 준다. 만약 부모가 선택의 기회를 주고 기다려 주면 아이들은 때로 최선의 선택을 하곤 한다.

한 아버지와 아들의 예에서 본보기를 찾아볼 수 있다.

아들은 토요일에 귀가 시간이 정해져 있는데도 불구하고

계속 늦고 있었다. 아버지는 아들을 기다리면서 다른 방법을 택하기로 했다. 전에는 문 옆에 서서 아들을 기다리며 화를 키우곤 했다. 아버지가 화를 내리라는 것을 아는 아들은 집이 가까워질수록 신경이 곤두서곤 했다. 현관문을 여는 즉시 아버지와 아들은 화가 나서 크게 설전을 벌이곤 했다.

이번에 아버지는 다른 방법을 써 보기로 했다. 아들이 돌아왔을 때 아버지는 아무 말없이 시계만 들여다보고 침실로 들어갔다.

다음 날 아침 냉정한 마음 상태에서 아버지는 아들에게 선택권을 주었다. 다음 주 토요일에 귀가 시간을 지켜 돌아오거나 아니면 집에 있거나 양자택일이었다. 자기의 선택에 따라 행동을 하면 되었다.

그렇게 문제는 해결되었고 토요일 밤의 열기는 옛날 이야기가 되었다. 아들은 자신이 상황을 결정한다는 느낌을 가지고 아버지가 정한 귀가 시간에 더 충실해졌다.

# 처벌의 목적은 교훈을 주는 것이다

자녀에게 벌주는 것을 즐기는 부모는 없다. 우리는 화가 난 상태에서나 잘못된 시점 혹은 너무 가혹한 형태로 주는 벌이 얼마나 부정적인 영향을 미치는지를 잘 알고 있다.

그러나 적절하기만 하다면 벌을 줌으로써 아이들에게 자신의 행동의 결과에 대해 가르침을 줄 수 있다. 자녀를 기르면서 명심해야 할 가장 중요한 것은 우리의 목적은 아이들이 부모가 바라는 바를 즉각즉각 따르도록 하는 것(비록 기분 좋은 일이기는 하지만)이 아니라 그들을 독립적이며 책임감 있고 행복한 성인으로 만드는 것이라는 사실이다.

우리의 목적이 자녀에게 이 세상을 지혜롭게 살아가는 법을 가르쳐주는 것이기 때문에 처벌은 그것을 통해 자기의 행동이 어떻게 나빴는지를 일깨워 줄 수 있도록 내려져야 한다.

벌을 줄 때 마지막으로 명심해야 할 것은 벌을 주는 목적은 어떤 특정한 행동을 바꾸려는 것이지 누가 옳고 그르다는 것을 입증하는 것이 아니라는 점이다. 이처럼 건설적인 접근 방식이 문제가 된 행동을 빨리 바꾸어 주고, 불필요한 마찰을 최소화하고, 삶에 대한 소중한 교훈을 가르쳐 준다.

화가 난 상태에서는 벌을 주지 마라. 벌을 줄 때는 적절한 시기를 골라라. 실행 가능한 벌을 주어라. 선택의 기회를 주어라.

처벌의 목적은 교훈을 주는 것이다. 처벌의 목적은 누가 옳고 그른가를 따지는 것이 아니다. 이런 접근 방식은 신경전을 유발하고 자녀의 수치심을 자극한다. 처벌의 목적은 잘못된 행동을 고치는 것이다.

## 7장 묻고 답하기

다음의 문장을 읽고 적당한 답을 찾아보라.

1. 어떤 경우에 자녀에게 벌을 주면 안 되는가?

A. 화가 나 있을 때

B. 아이가 싫어할 때

2. 상대방의 심리적 장벽이 낮아졌을 때 처벌을 하려면 어떤 점을 고려해야 하는가?

A. 자부심

B. 시점

C. 정직성

D. 신뢰

3. 자녀에게 자신이 상황을 조절한다는 느낌을 주고 불필요한 반항심을
가지지 않게 하려면?

A. 충고를 한다.

B. 칭찬을 한다.

C. 선택권을 준다.

D. 선물을 준다.

4. 효과적인 처벌의 목적은 무엇인가?

A. 누가 옳은지를 명확히 하는 것

B. 문제 행동을 바꾸는 것

C. 누가 틀린지를 명확히 하는 것

D. A와 C

5. 적절한 처벌의 결과는?

A. 자녀를 주눅 들게 한다.

B. 부모가 항상 옳다는 것을 입증한다.

C. 교훈을 배우게 한다.

# 답

1번 문제의 답은 A이다. 화가 나 있을 때 벌을 주려고 하면 서로 감정을 상하고 잘못된 조치를 하게 되어 상황을 더 악화시키기 쉽다.

2번 문제의 답은 B이다. 시점이 중요하다. 자기 방어적이기보다 상대방의 입장을 듣고 이해하도록 할 수 있기 때문이다.

3번 문제의 답은 C이다. 자녀에게 선택권을 주면 자녀는 자신감과 긍정적인 생각을 가진다.

4번 문제의 답은 B이다. 어떤 형태의 처벌이든 그 목적은 문제적인 행동을 바꾸는 것이다.

5번 문제의 답은 C이다. 아이들은 자신이 한 행동의 결과에서 교훈을 배워야 한다.

실수 8

# 말 따로 행동 따로

좋은 본보기를 보임으로써 아이들이 올바른 행동을 하도록 유도하라.
**말보다 행동이 아이들에게 더 큰 영향을 준다.**

이 책의 앞부분에서 나는 딸아이가 네 살 때부터 침대를 정돈하는 법을 어떻게 배웠는지 설명한 바 있다. 시간이 지날수록 아이는 점점 더 훌륭하게 잠자리를 정돈했고 나는 아이를 규칙적으로 칭찬해 주는 것을 잊지 않았다.

나중에는 다른 사람이 아이의 침대를 정돈하려면 허락을 받아야 할 정도였다. 잠자리 정돈은 아주 잘 진행되고 있었다. 적어도 나는 그렇게 생각했다.

아이가 일곱 살쯤 되었을 때 잠자리 정돈이 일관성 있게 되고 있지 않다는 것을 알게 되었다. 내가 그것에 대해 말하자 아이는 나를 똑바로 보면서 이렇게 말했다.

"아빠도 잠자리 정돈을 하지 않잖아요."

나는 매우 놀랐지만 생각해 보니 아이의 말은 하나도 틀린 것이 없었다. 그때 몇 달간 나는 평소보다 일찍 직장에 나가느라고 줄곧 잠자리 정돈을 하지 않고 있었다. 그간 열심히 준비해 두었던 훌륭한 자녀 교육 기술이 모두 허사가 되어 버린 것이다. 단지 내가 훌륭한 예가 되지 못했다는 이유만으로.

내가 다시 잠자리 정돈을 시작하자 아이도 곧바로 다시 하기 시작했다. 나는 가장 기본적이면서 가장 강력한 자녀 교육의 도구를 잊고 있었던 것이다. 그것은 바로 훌륭한 본보기이다.

# 훌륭한 본보기를 보여라

　부모는 자녀가 부모를 우러러보고 사랑과 존경을 나타내기를 바란다. 부모가 자녀로부터 존경을 받는다면 자녀가 부모의 행동을 모방하려는 것은 지극히 자연스런 일이다.

　부모의 행동이 자녀에게 지대한 영향을 미치는 것이라면 부모가 훌륭한 본보기를 보여야 하는 것은 지극히 당연한 일이다. 만약 차를 몰면서 부모가 욕을 한다면 자녀가 장난감이 망가졌을 때 입에 욕설을 담는 것을 듣고 놀랄 일이 아니다. 부모가 전화를 하면서 원치 않는 약속을 하지 않으려고 거짓말을 둘러댄다면 아이가 꽃병을 깬 다음 거짓말을 할 때 놀랄 수 없을 것이다. 부모는 흡연과 음주를 하면서 자녀에게는 못하게 할 경우 그 결과가 어떨 것 같은가?

반대로, 우리는 아이가 따라주기를 바라는 방향으로 행동함으로써 자녀의 삶에 강력하고 긍정적인 영향을 줄 수 있다. 우리의 기본적인 신념과 가치는 매일매일 행동을 통해 아이에게 전해진다. 말보다 행동이 더 많은 영향을 준다.

아이들은 본능적으로 말보다 행동이 더 많은 것을 이야기한다는 사실을 알고 있는 것처럼 보인다. 아이들은 항상 부모의 말과 행동 사이의 모순을 파악하고 있다.

조금 깊이 생각해 보면, 아이들의 문제점 중 상당 부분이 배운 것과 실제로 본 것의 차이에서 느끼게 되는 혼란에서 기인한다는 것을 알 수 있다.

한 아버지가 이야기한 에피소드가 있다. 그는 산책을 나갔다가 딸이 자기보다 어린 사촌과 벌레를 잡아서 놀고 있는 모습을 보았다. 아이는 사촌에게 벌레들을 조심스럽게 가지고 놀다가 나중에 다시 놓아줄 수 있도록 하라고 타이르고 있었다. 나중에 아버지는 딸에게 농담 삼아 곤충의 생명을 소중히 하는 법을 어디서 배웠는지 물어보았다.

"아빠한테 배웠어요. 나비를 잡으면 놓아주었잖아요."

그가 무심코 했던 행동을 보고 어린 딸이 다른 생명체의 생명을 소중히 하는 마음을 배웠던 것이다. 또한 아이는 아빠에게 중요한 사실을 일깨워 주었다. 부모는 좋은 것이든 나쁜 것이든 자녀에게 무언가 가르쳐주고 있다는 사실을.

이는 중요한 교훈이다. 이 책에서 가르쳐주고 있는 여러 자녀 교육 기술을 실행함으로써 우리는 단순히 자녀의 행동을 좀 더 나은 방향으로 고쳐 줄 수 있을 뿐만 아니라 아이들에게 인생과 성격에 대해 값진 가르침을 줄 수 있다.

팀플레이를 강조하는 교육을 받고 자란 아이는 보다 협조적인 사람이 된다. 부모가 타인의 감정과 생각을 존중하는 것을 보고 자라면 아이도 그리 행동하기 쉽다. 부모가 아이의 의견을 경청했다면 아이도 부모의 말을 경청할 것이다.

어머니와 딸이 상담을 받으러 왔다. 어머니는 이혼을 하고 홀로 아이를 키우고 있었다. 모녀가 나를 찾았을 때 엄마의 불만은 딸이 입이 거칠고 말을 듣지 않는다는 것이었다.

엄마의 말에 따르면 딸은 자신이 할 일을 하지 않고, 엄마가 만나지 말라고 한 친구들과 어울려 다니고, 정해진 귀가 시간이 지날 때까지 밖에서 돌아다니는 일이 종종 있었다.

그다음 나는 소녀와 단둘이서 면담을 가졌다. 아이는 욕구 불만이 심하고 자기 방어적으로 보였다.

소녀는 화난 어조로 엄마가 자기와 함께 하는 시간을 갖지 않는다고 불평했다. 소녀는 엄마가 자기와 함께 있는 시간보다 데이트를 더 중요하게 생각한다고 믿는 것 같았다.

"왜 나만 엄마 말을 들어야 해요? 엄마는 남자친구 생각만 하고 나보다 데이트하는 것을 더 중요하게 여기는데요."

아이가 받은 느낌이 사실과 많이 다르지 않다는 것이 드러났다. 엄마는 항상 적극적으로 사회생활을 했고 자주 집을 비웠다. 집에 있을 때도 전화기에 매달려 외출 약속을 하거나 친구와 가십거리를 주고받곤 했다. 그런 행동은 분명 엄마는 딸의 입장을 중요하게 여기지 않는다는 메시지였다.

이제 어느 정도 나이가 들자 딸도 자신의 메시지를 엄마에게 보내기 시작한 셈이었다. 엄마에게서 배운 행동을 그대로 되풀이하면서 아이는 이렇게 외치고 있었다.

"엄마보다 친구와 내 욕구가 더 중요해요."

# 대중매체의 영향

　상담을 하는 부모들이 자주 하는 질문 중 하나가 다양한 형태의 대중매체가 어린이들에게 부정적인 영향을 미칠 가능성이다. 텔레비전과 영화에서 묘사되는 섹스와 폭력에 대해 부모가 우려하는 것은 이해할 수 있다. 부모는 또한 유행가의 가사가 아이들을 폭력 지향적으로 유도하거나 약물이나 알코올을 복용하도록 하지 않을지 걱정하고 있다.

　이러한 우려에 관한 연구는 수없이 많았다. 연구의 대부분은 대중매체가 어린이와 10대에게 미치는 영향이 정말 지대하다고 밝히고 있다. 성장하면서 자신의 정체성과 가치 체계를 찾기 시작하는 아이들, 특히 10대들은 또래나 대중매체와 같은 집 밖의 존재로부터 정보를 구하기 시작한다.

불행히도 이러한 정보 탐색 과정에서 아이들은 부정적인 가치나 행동 양식도 함께 받아들이게 된다.

그러나 여기 반가운 소식이 있다. 다른 심각한 문제가 없을 경우 대부분의 10대들은 새로운 가치관, 신념 체계, 행동 양식들을 호기심 때문에 접해 보려고 하지만 결국은 어려서 부모로부터 배운 것으로 되돌아가게 된다는 것이다.

만약 부모가 능동적으로 아이들에게 확고한 가치 체계를 말과 행동으로 가르쳤을 경우 대부분의 자녀는 성인이 되려는 시기에 그런 가치 체계를 자기의 것으로 확실히 받아들이게 된다.

현실적인 차원에서 부모는 외부의 영향에 대해 어떻게 대처해야 할지를 알고 싶어 한다. 아이의 텔레비전 시청을 제한해야 할까? 특정한 장르의 음악만을 듣도록 해야 할까?

나는 나쁜 영향으로부터 아이들을 철저히 보호해야 한다고 믿는 쪽이다. 예를 들어, 다섯 살배기 아이에게는 미성년자 불가 수준의 폭력이나 섹스 장면은 보지 못하도록 막아야 한다.

그러나 아이들이나 10대들에게 그 나이 수준에 걸맞은 내용은 허용되어야 한다. 비록 그것이 논란의 대상이 될 수 있는 성격의 것이라 하더라도 부모의 적절한 지도가 가능하다면 무방하다고 본다. 부모로서 우리는 아이들을 모든 부정적인 영향으로부터 무조건 보호하려고 해서는 안 된다. 대신 우리는 살면서 문제가 발생할 때 그것에 잘 대처할 수 있도록 하는 가치 체계와 기술을 아이들이 계발하도록 도와주어야 한다.

상충하는 상황과 관념을 평가하고 대처할 수 있는 전략을 아이들에게 가르쳐주는 것도 중요하다. 왜냐하면 적합하지 못한 내용을 아이들이 접하지 못하도록 부모가 항상 감시하는 것이 현실적으로 불가능하기 때문이다.

자녀에게 평가할 수 있는 능력은 가르쳐주지 않은 채 무리하게 보호만 하려는 부모는 자녀가 친구의 집에서 금지된 내용을 접하게 될 경우 어찌할 바를 모르게 된다. 그럴 경우 친구의 집에서 본 내용을 집에 돌아와 부모와 함께 토론하기를 원하는 자녀로 만드는 것이 바람직하지 않을까?

이 책의 앞부분에서 이야기한 것처럼 중요한 것은 자녀가 자신의 관심사에 대해 부모와 열린 대화를 가질 수 있는 관계를 만드는 것이다. 그러한 열린 대화만이 어떤 내용이든 자녀에게 지침을 줄 수 있고 나아가 자녀가 성인이 된 후에 도움이 될 수 있는 가치 체계와 신념을 심어줄 수 있다.

어느 상심한 부모는 열다섯 살 먹은 아들과 항상 전쟁을 벌이고 있다고 고민을 토로한 적이 있다. 부모는 그들이 싫어하는 아들의 친구들, 아들이 좋아하는 노래 가사 등이 아들에게 마약·섹스·범법 행위 따위를 부추기지 않을지 걱정하고 있었다.

예상한 대로, 아들은 자기의 행동을 규제하려는 부모에게 저항하고 있었다. 아들은 부모가 자기를 신뢰하지 않는다고 불만을 표시하며 자기는 스스로 친구를 선택하고 싶고 또 원하는 음악을 듣겠다고 고집했다. 그러한 상황은 부모가 아들의 방에서 발견한 CD를 성적으로 유해한 내용을 담고 있다는 이유로 압수하려고 하자 위기 상황으로까지 발전했다.

부모가 택한 방식은 갈등과 욕구 불만, 불필요한 줄다리기를 유발하는 것이었다. 아들이 어떤 CD를 가지고 있느냐에 초점을 맞춤으로써 그들의 의도와는 달리 아들과 치열한 신경전을 벌일 빌미를 만들게 되었다. 보다 중요한 문제인 대화, 섹스, 가치 판단 등은 아들의 권리 문제에 가려져 버리게 된 것이었다.

나의 제안을 마지못해 받아들여 부모는 아들이 원하는 음악을 듣도록 허락해 주기로 했다. 또한 아들과 무릎을 맞대고 마주 앉아 섹스, 마약, 가치관에 대해 토론을 갖기로 했다. 그 대화에는 아들의 친구, 음악 등은 언급하지 않고 다만 가치관과 선택에 대한 일반론만 이야기하기로 했다.

몇 주 지나자 아들은 그렇게 듣고 싶어 하던 음악을 듣는 것을 그만두어 버렸다. 더 이상 흥밋거리가 아니었기 때문이다. 아들은 사실 그 음악을 진정으로 좋아한 적은 없었다는 말까지 했다. 단지 자기의 권리를 부모에게 보여주기 위해 음악을 들을 권리를 주장했을 뿐이라고 했다.

그렇게 또 몇 주가 흘렀다. 부모는 기쁨에 들떠 얼마 전 아들이 먼저 말을 꺼낸 대화 내용에 대해 자랑을 했다. 친구가 학교에서 담배를 피우자고 하는데 어떻게 해야 할지를 아들이 물어왔다는 것이다.

전술을 바꿈으로써 부모는 여러 가지 중요한 행동을 몸소 보여준 것이다. 그들은 아들이 스스로 배우기를 원하며 올바른 판단을 할 것임을 믿는다는 것을 보여 주었다. 또한 아들이 잘되기를 원하며 어떠한 문제와 마주치더라도 그것을 함께 기꺼이 상의할 생각이라는 것을 행동으로 보여 주었다.

아이들은 스포츠 선수, 가수나 선생님 심지어는 같은 또래를 숭배하는 경우가 있다. 또한 텔레비전이나 영화를 통해 전혀 다른 가치관이나 관점을 배우기도 한다. 그러나 의심할 여지없이 아이들의 가치관 형성이나 자아의 성장에 가장 커다란 영향을 미치는 것은 바로 부모의 행동이다.

# 말보다 행동이 중요하다

부모는 매일 아이들에게 도덕과 가치관에 대한 메시지를 보내고 있다. 아이에게 무슨 말을 하든지 그 말보다는 행동이 훨씬 더 커다란 영향을 미친다.

만약 아이에게 술을 마시는 것은 나쁘다고 말하면서 부모는 만취가 되어 집에 돌아온다면 아이는 그 행동에서 훨씬 더 확실한 메시지를 받게 된다.

부모가 상습적으로 속도위반을 하거나 탈세를 한다면, 아이는 그렇게 하면 나쁘다는 말보다 눈으로 본 것에서 더 많은 것을 배우게 된다. 우리가 타인을 대하는 태도에서도 아이들은 많은 것을 배운다.

열여섯 살 먹은 아들을 키우는 아버지가 있다. 그는 스트레스를 많이 받는 직업을 가지고 있었고 직장에서 많이 시달리는 편이었다. 그래서 늘 신경이 곤두선 채로 귀가하여 집안일이 제대로 안 되어 있으면 아내에게 신경질을 내곤 했다. 그가 나를 찾아왔을 때 그의 걱정은 아들이 자기에게 말대답을 한다는 것이었다.

우리가 타인에게 친절과 관용을 가지고 대하면 그것은 아이들에게 우리가 인간관계에 어떤 가치를 부여하고 있는지를 보여주는 것과 같다. 마찬가지로 우리가 다른 사람들을 인색하고 이기적으로 대한다면 아이들은 그와 유사한 혹은 더욱 해로운 행동을 배우게 될 것이다.

우리가 원치 않는 약속을 피하기 위해 거짓말을 하거나 혹은 전화를 건 사람에게 엄마 아빠가 안 계신다고 말하도록 아이들에게 시킨다면 이것은 나중에 아이들이 정직과 거짓 가운데 하나를 선택해야 할 때 어떤 것을 고를지 미리 청사진을 그려주는 것이나 마찬가지이다.

부모는 항상 행동으로 아이들에게 가르치는 메시지를 의식해야 한다. 우리가 오늘 행동으로 보여주는 가치관은 우리의 자녀가 내일 실천하게 되는 행동의 거울인 것이다.

자, 그렇다면 이제 동네 편의점 직원이 거스름돈을 잘못해서 많이 주었을 경우 어떻게 행동해야 할까?

좋은 본보기를 보임으로써 아이들이 올바른 행동을 하도록 유도하라.

말보다 행동이 아이들에게 더 큰 영향을 준다.

부모의 본보기는 아이들에게 긍정적일 수도 부정적일 수도 있다.

아이들과 10대들은 또래나 대중매체로부터 영향을 받을 수 있다. 그러나

대체로 부모가 가르치는 가치관과 행동 양식을 택한다.

## 8장 묻고 답하기

다음의 문장을 읽고 적당한 답을 찾아보라.


1. 자녀에게 긍정적인 행동의 본보기를 보이는 것은 무엇인가?

A. 설교                          B. 충고

C. 귀감                          D. 위의 셋 다


2. 아이들의 행동에 가장 커다란 영향을 주는 것은 무엇인가?

A. 부모의 말          B. 부모의 행동          C. 대중매체


3. 대중매체는 아이들에게 영향을 주는가?

A. 그렇다             B. 아니다              C. 유아용 프로그램만 그렇다

4. 장기적인 관점에서 아이들에게 가장 커다란 영향을 미치는 것은 무엇
인가?

A. 부모의 행동 양식과 가치관

B. 같은 또래의 행동 양식과 가치관

C. 대중 매체에서 배운 행동 양식과 가치관


## 답

1번 문제의 답은 C이다. 행동의 본보기는 아이들에게 '내가 하는 대로 해
라' 라는 메시지를 준다.


2번 문제의 답은 B이다. 열거된 답들 모두 아이들에게 영향을 주지만 장
기적인 관점에서 가장 커다란 영향을 주는 것은 부모의 행동이다.


3번 문제의 답은 A이다. TV와 가요 같은 형태의 대중 매체는 아이들에
게 영향을 준다.


4번 문제의 답은 A이다. 성인이 됐을 때 대부분의 사람들은 부모가 가르
치고 본보기를 보였던 기본적인 가치관으로 회귀하는 경향이 있다.

# 특별한 필요 사항을 간과하기

많은 아동들이 겉으로 보기에는 이상하지만 실제로는 일시적이고 정상적인 행동이나 감정 상태를 드러내게 된다. **아동에게 특별한 필요 사항이 존재**할 경우 부모는 아동의 적극적인 옹호자로서의 역할을 다해야 한다.

아이들은 다양한 감정을 경험하고 때로는 이상한 행동을 하기도 한다. 그런 감정과 행동들은 아이들보다 정상적이며 일관성 있고 긍정적인 부모의 지도에 의해 적절하게 처리될 수 있는 성질의 것들이다.

그러나 아이들을 다루는 사용 설명서 같은 것은 있을 수 없으므로 부모는 언제 아이들의 행동이 정말 비정상적이며 특별한 관심과 외부 전문가의 도움이 필요한지를 파악하는 데 종종 어려움을 겪곤 한다.

아이들은 모두 놀랄 만큼 독창적이다. 각기 서로 다른 장점, 단점, 관심사, 재주, 취약점을 가지고 있다. 삶의 경험과 타고난 성품이 함께 어우러져 아이들의 각기 다른 활동성, 수줍음, 자기 주장, 강인함, 기타 다른 개인적 특성을 만들어 낸다.

아이들이 성장함에 따라 부모는 자녀의 독특한 개인적 특성을 더욱더 인식하게 된다. 그런 특성 중 일부는 긍정적인 것으로 잘 발전시켜야 한다. 한편 또 다른 특성은 잠재적으로 문제의 소지가 있을 수 있으므로 고쳐져야 한다.

어떤 특성은 장려하고 어떤 특성은 고쳐주어야 하는지를 가려내는 것이 중요하다.

# 특별한 관심이 필요한 아이들

신체적으로 활동적인 어린이는 스포츠에 몰두하게 하는 것이 그 아이의 재능을 발달시킨다는 점에서 논리적일 것이다. 만약 음악에 관심을 보인다면 그 관심을 키워 주어야 할 것이다. 그러나 조용하고 보다 지적인 활동을 하는 것을 선호하는 아이라면 스포츠나 대중 연설 같은 것은 가급적 멀리하는 것이 좋을 것이다. 아니면 아이에게 지나친 스트레스가 될 것이다.

멀쩡한 아이가 장래 문젯거리가 될 수 있는 어떤 행동을 보이는 경우가 종종 있다. 아이의 개인 성향을 잘 알고 있는 부모가 그런 행동을 잘 감지하고 그것을 고치기 위한 적절한 조치를 취해야 한다.

나의 딸아이는 지나칠 정도로 다른 사람들의 비위를 맞추려는 성향을 드러내곤 했다. 온화한 성격이라는 것은 익히 알고 있었지만 타인의 의견에 너무 좌우될 필요는 없다는 것을 확실히 가르쳐 주고 싶었다.

어느 날 아이가 풀이 죽어 집으로 들어왔다. 수학 점수가 떨어졌다고 했다. 나는 아이에게 분명히 말해 주었다.

"아빠를 기쁘게 하는 건 너의 노력 그 자체이지 몇 점을 받았는지의 여부가 아니야."

이따금 아이들은 보다 심각한 잠재적 문제점이 존재함을 보여주는 행동을 나타내곤 한다. 부모는 종종 그러한 행동이 사소한 것인지 아니면 보다 집중적이고 특별한 관심과 관여를 필요로 하는지 구분하는 데 어려움을 갖는다.

일반적인 의료 지식을 적용해 보는 것이 도움이 될 수 있다. 아이의 어떤 행동이 지나치게 오래 지속되거나 정도가 지나칠 경우 문제가 일어날 수 있다고 생각해야 한다. 만약 그런 행동이 아이의 일상적인 활동을 저해하는 것이라면 보다 심각한 문제점이 내재함을 보여주는 것일 수 있다.

나는 진료 과정에서 특별한 관심을 요하는 아동들을 많이 보아 왔다. 그런 아동들 중 많은 경우가 만약 좀 더 일찍 치료가 이루어졌다면 훨씬 상태가 좋았을 터였다. 어떤 아동들은 나를 찾아왔을 때 이미 심각한 문제점을 자존심 측면에서 가지고 있었고 자기의 능력에 대해 불신감을 가지고 있었다.

아이의 문제점을 파악하여 미리 적절한 처치를 하지 못한 것에 대해 부모를 탓할 생각은 결코 없다. 대부분의 경우 부모는 나름대로 최선을 다했으나 단지 아이들에게 적절한 조치가 필요하다는 것을 알 도리가 없었을 뿐이다. 단지 그 부모에게는 문제점을 파악하고 아이에게 적절한 도움을 주기에 필요한 유용한 정보에 접근하는 길이 없었던 것이다.

어린이에게 일어날 수 있는 모든 특정한 문제점들을 몇 페이지 분량으로 이야기한다는 것은 불가능하다. 여기에서는 가장 일반적인 문제 몇 가지를 소개함으로써 부모가 아이들의 문제점을 파악하고 적절한 조치를 취할 수 있도록 하려고 한다.

다음은 내가 아동 및 사춘기 청소년을 진료하면서 경험한 가장 일반적인 문제들이다.

# ADHD(주의력결핍 과잉행동장애)

## [사례 1]

어려서부터 소리를 지르고 신경질을 부리는 아이가 있다. 보통의 또래와 달리 아이는 '미운 네 살'에서 벗어나지 못했다. 입학을 해서는 교실에서 제자리를 지키지 못하고 아무 때나 불쑥불쑥 대답을 하곤 했다. 항상 선생님과 문제가 있는 것 같았고 자주 또래와 다툼을 벌였다.

## [사례 2]

아이는 그동안 집이나 학교에서 문제성 있는 행동을 보인 적이 없었다. 선생님을 잘 따랐고 성적도 좋았다. 그러나 3학년이 되자 선생님들

은 아이가 수업 중에 딴 생각을 하고 주의를 집중하지 않는다고 불평을
하기 시작했다. 4학년이 되자 아이는 성적이 급격히 내려갔고 과제를 완
수하지 못하는 경우가 많아졌다. 부모는 아이에게 숙제를 하도록 시키는
것도 점점 힘들어졌다.


위의 사례의 아이들은 ADHD(주의력결핍 과잉행동장애)를
겪고 있다. 이 증상은 미국 어린이 중 5~10퍼센트가 겪고
있으며 아동과 사춘기 청소년의 가장 흔한 질환 중의 하나
이다. 소녀보다는 소년에게서 3배 이상 더 발생한다.

아동들이 겪는 ADHD의 증상은 한두 가지 커다란 특징이
있다. 주의 산만과 과잉 행동, 충동적 성향이다.

사례 1의 아이의 상태는 지나친 과잉 행동과 충동적인 것
으로 특징지을 수 있다. 행동이 너무 혼란스러워서 문제가
있음을 발견하기가 상대적으로 쉽다.

반면에 사례 2의 아이의 행동은 주의력과 집중력에 문제
가 있는 것이다. 미묘한 문제라 발견하기가 어렵다.

일반적으로, ADHD 증상의 어린이들은 시청각적인 자극을
소화해 내는 데 어려움을 겪고 있으며 그로 인해 주의 집중

이 힘들다. 특히 수업 중에 그러하다.

생각해 보면 교실은 주의를 산만하게 만드는 것으로 가득 찬 장소이다. 학생들, 선생님의 지시 사항, 벨소리, 교내 방송, 책상 움직이는 소리, 복도에서의 소음 따위들 말이다.

주의 집중에 문제가 있는 아동은 종종 혼란에 빠져 학교에서 해야 할 일을 완수하지 못한다. 만약 한 번에 한 가지 일 이상을 해야 되는 상황에 빠지게 되면 이런 아동들은 처음에 하던 일을 중간에 그만두고 옆길로 빠지는 경우가 자주 있다. 충동적이고 사고를 자주 저지르는 경향도 있다. 학업은 건성건성으로 하고 정확하게 해내지 못한다.

ADHD 아동은 또래와의 관계에서 단체보다는 일대일일 때 더 사람을 잘 사귀는 경향이 있다. 자기 차례를 지키는 데 서툴고 '두목 행세' 하기를 좋아한다. 단체로 일을 해야 하는 상황에서는 곧잘 싸움을 벌이거나 감정 폭발을 일으킨다.

어린아이로서 ADHD를 앓는다는 것은 본인에게 매우 힘든 일일 수 있다. 이런 아동들은 대체로 영리하기 때문에 집에서나 학교에서 마음먹은 것처럼 성과를 얻지 못할 때 심한 좌절감을 느끼게 되기 때문이다. 학과 내용을 모두 이해하는데도 성적이 친구들보다 못한 경우를 상상해 보면 이해가 될 것이다.

또 교사로부터 항상 "너는 언제나 열심히 하는 법이 없구나." "왜 그렇게 게으르니." "정신 집중을 해서 숙제만 제대로 내면 얼마나 좋겠니." 같은 이야기를 매번 들어야 하는 처지를 상상해 보라.

집으로 돌아가면 또 학교에서의 일 때문에 야단을 맞아야 하는 처지, 그것이 바로 ADHD 아동인 것이다. 이런 상황이라면 자포자기 상태가 되는 것은 시간문제이다.

많은 부모가 반문한다.

"대다수 아이들이 이따금씩은 그런 증상을 보이는 것이 아닌가요?"

대답은 '그렇다'이다. 그러나 ADHD의 경우 이런 증상이 가끔 일어나는 것이 아니라 항상 일어난다.

이런 특징을 보이는 아동이 있을 경우 가능한 한 빨리 ADHD 여부를 확인해 보는 것이 매우 중요하다. 만약 적절한 치료 없이 방치될 경우 ADHD 증상의 어린이들은 좌절감과 함께 학업에 흥미를 잃어버릴 수도 있다.

그 결과 학교를 중도에 그만두게 될 가능성이 상당히 높으며 또 자아 형성에 필요한 요소인 가족, 선생님, 친구들로부터의 긍정적인 관심을 확보하는 데 어려움을 갖게 된다. 결국 비정상적 성장이라는 문제를 안게 되는 것이다.

ADHD는 일반적으로 유전적인 신경학적 질환으로 여겨진다. 부모에게 아이의 증상을 설명하면 "나랑 증상이 똑같네요."라고 하는 경우가 자주 있다.

만약 자녀가 ADHD일지 모른다는 의심이 들면 전문가에게 아이를 진찰시켜야 한다. 불행하게도, 혈액 검사나 소변 검사와 같이 ADHD 여부를 한 번에 판가름해 주는 테스트는 없다: 주로 심리학자가 대상 아동의 이전 행동을 파악하고, 행동 관찰 및 특정한 진찰 테스트를 실시하여 ADHD 여부를 판단한다.

다양한 상황에서의 아이의 행동에 대한 종합적인 분석이 매우 중요하다. 따라서 부모, 선생님, 다른 의료 전문가로부터 의견 및 정보 청취가 반드시 필요하다.

ADHD임이 판명되면 소아과, 소아 정신과, 소아 신경과와

협의하여 어떤 투약이 도움이 될지를 정한다. 가장 일반적으로 처방되는 약은 리탈린(Ritalin)과 같은 중추신경 자극제로 아동들의 정신 집중 능력을 획기적으로 향상시킬 수 있다.

ADHD로 판명된 아동은 동기 부여, 사고의 조직화, 자신감 불어넣기 등의 방법이 가장 효과적이다. 하던 일에 계속 집중하게 하고 또 올바르게 행동하면 칭찬과 보상을 해주는 것이 필요하다.

올바른 행동을 한 순간을 포착하여 칭찬하기, 일관성 있게 다루기, 모범을 보이기 등 이 책의 앞부분에서 설명한 개념들이 특히 ADHD 아동들에게 중요하다.

ADHD 아동을 가르치는 선생님들은 다음과 같은 조치를 통해 ADHD 아동을 도울 수 있다.

−학급 내의 규율을 명확하게 시범해 보인다.

−매일 학과 시간표와 과제를 교실에 게재한다.

−시간표의 변경이 있을 경우 사전에 고지한다.

−ADHD 아동의 짝은 긍정적인 모델이 될 수 있는 아동으로 정한다.

-아침 시간에 중요한 과제를 먼저 부여한다.

-과제에 계속 주의를 집중하면 보상으로 휴식 시간을 부여한다.

-관심을 끄는 활동과 그렇지 않은 활동을 적절히 혼합한다.

-멀티미디어와 여러 감각을 활용하는 학습 방법을 택한다.


ADHD 아동을 성공적으로 관리하기 위해서는 부모와 선생님, 관련 전문가의 주의 깊은 분석과 관여 및 협조가 필요하다.

# 학습장애

[사례 1]

자기 또래의 아이들과 달라 보이는 열네 살의 소년이 있다. 매우 수줍어하며 조용하고 다른 아이들에게 관심이 없다. 새로운 것은 아주 마지못해 받아들이고 학교 가는 것을 싫어한다. 책 읽기와 수학을 특히 싫어하는데 숫자나 단어가 뒤범벅되어 있는 것처럼 느껴진다고 말한다.

[사례 2]

학업에 문제를 보이는 아이가 있다. 특히 남들 앞에서 이야기하거나 독후감을 발표하는 것을 싫어한다. 국어나 수학을 이해하는 데는 아무런 어려움이 없지만 자기가 알고 있는 것을 남에게 전달하는 것이 불가능한 것 같다. 수필을 쓰거나 남들 앞에서 독후감을 말할 때 자기가 하고자 하는 말을 알고는 있지만 그것을 똑바로 전달하는 것이 불가능해 보인다.

[사례 3]

서른다섯 살인 한 남성은 남들이 하는 말을 이해하는 데 어려움을 겪고 있다. 사람들이 자기에게 하는 말이 모두 비슷하게 들리는 것이다. 실망한 부모는 그에게 주의가 산만하다거나 게으르다고 소리를 치곤 한다. 어린 시절 그는 학교에서 과제를 이해하는 데 어려움을 겪다가 대부분의 과목을 낙제하고 결국 열여섯 살에 학교를 그만두었다.

위의 세 가지 사례는 모두 학습장애를 가지고 있다. 학습장애란 한 개인이 환경으로부터 정보를 얻고, 올바르게 해석하거나 또는 뇌의 다른 부분에서 성공적으로 정보를 연결해 오는 능력에 영향을 주는 것이다.

학습장애는 아동의 지능과는 아무런 상관이 없다. 영리한 아이가 학습장애를 가지고 있는 경우도 있다.

컴퓨터 시스템과 학습장애를 비교해 생각해 볼 수 있다. 컴퓨터 시스템은 본체와 키보드, 프린터로 이루어져 있다. 본체는 인간의 두뇌라고 할 수 있다. 그 자체는 잘 작동한다.

그러나 학습장애를 가진 사람은 '키보드', 즉 환경으로부터 정보를 처리하는 데 어려움을 겪는다. 역으로 컴퓨터에서 '프린터', 즉 말이나 글로 표현하는 것을 담당하는 뇌의 부분으로 정보를 보내는 데 어려움을 겪는 경우도 있다.

학습장애는 일생 동안 지속된다. 대부분의 경우 학습장애는 학업이나 일, 친구 사귀기, 가족과의 관계와 같은 어린이의 삶의 여러 측면에 커다란 영향을 끼친다. 일상적인 것에는 거의 영향을 주지 않는 특별한 학습장애를 가진 아동도 있기도 하다.

학습장애 아동은 ADHD 아동과 많은 행동상의 문제점을 공유하고 있다. 실제로 ADHD 아동은 한두 가지의 학습장애를 가지고 있다.

학습장애를 갖는다는 것은 아이들에게 커다란 좌절감을 준다. 공부를 제대로 따라 하지 못할 가능성이 많고 그러므로 교사나 부모로부터 긍정적인 관심을 받지 못하기 때문이다. 아이의 자존심이 크게 영향을 받게 된다.

만약 자녀가 여기 언급된 문제 중 한두 가지를 지속적으로 보일 경우 학교의 상담 교사나 심리학자에게 보여 그 문제되는 부분을 종합적으로 평가해 보는 것이 필요하다. 이 평가는 IQ 검사와 특정한 분야에 대한 능력 평가 등 몇 가지로 구성된다.

어떤 특정 분야에서 아동의 수행 능력이 그 아동이 가지고 있는 지능 지수의 기대치에 미치지 못할 경우 학습장애를 가지고 있을 가능성이 높다. 그럴 경우 부모나 교사의 특별한 개입이 필요하다.

학습장애는 일반적으로 효과적인 약이 없으며 완치시킬 수도 없다. 대신 학교의 협조를 얻어 아이가 가장 잘 배울 수 있는 방법을 찾아 그것을 집중적으로 활용하는 것만이 열쇠이다.

나는 똑똑하고 활동적인 한 여성과 일한 적이 있다. 그녀는 직업이나 자기 생활에서 상당히 성공한 사람이었다. 그러나 그녀가 옛날에도 그랬던 것은 아니라는 것을 알게 되었다.

그녀는 자기가 멍청하다고 생각하며 성장했다. 학교생활은 항상 악전고투였다. 고등학교를 졸업할 즈음에는 더 이상 학업에 진전이 없을 것으로 스스로 확신할 정도였다.

다행히 그녀는 지방 대학에 지원하면서 학습장애 테스트를 받게 되었다. 테스트를 통해 그녀는 자신이 지능은 매우 뛰어나지만 특정한 부문의 학습장애를 가지고 있다는 것을 발견하였다. 그녀는 읽은 것을 기억하는 것에 장애가 있었다.

시행착오를 거쳐 그녀는 자신의 장애를 극복하는 법을 배우게 되었다. 과제를 녹음을 해두면 그 정보를 기억할 수 있음을 알게 된 것이다. 그녀는 정보를 흡수할 수 있는 방법을 발견했다는 것만으로 공부를 잘할 수 있게 되었다. 그녀의 기쁨은 말할 수 없을 만큼 컸다. 그녀는 석사 학위를 취득했고 그 후로는 앞만 보고 나아갈 수 있었다.

학교는 특별한 장애나 부족한 부분을 가지고 있는 아동을 배려할 필요가 있다. 미국 내 대부분의 학교는 학습장애 아동들을 위해 특별 교사가 배치된 특별 학급을 운영한다. 때로는 보통의 학급 내에서 학습장애 아동에게 시험을 볼 때 좀 더 시간을 많이 준다든지 컴퓨터를 통해 숙제를 하도록 허용하는 식의 작은 배려가 필요하다.

학습장애 아동에게는 학업상 특별한 도움이 필요할지 모르지만 보다 중요한 것은 사랑과 관심, 긍정적인 반응이다. 학습장애란 사실 삶의 장애라는 것을 이해하는 것이 중요하다. 학습장애는 아동의 학업 측면뿐만 아니라 다른 삶의 면들에도 영향을 미친다.

자녀의 특별하고 독특한 재능과 능력에 관심을 기울여 강하고 긍정적인 자아를 키워 주는 것이 훌륭한 부모가 해야 할 핵심 사항이다. 학습장애 아동의 경우는 특히 그렇다.

# 아동 우울증

누구에게나 착한 아이로 비치는 한 소녀가 있었다. 부모 또한 아이의 행동이 늘 모범적이라고 이야기했다. 학교 성적은 언제나 좋았고 친구들도 많았으며 어른에게는 깍듯했다. 그런데 여덟 살이 된 소녀는 완전히 다른 아이처럼 행동했다.

지난 몇 개월 동안 소녀는 학교에 대해 불평을 늘어놓기 시작했다. 부모는 아이를 잠자리에서 일으켜 세우는 것이 점점 힘들어졌다. 아이는 짜증을 내고 화난 모습을 보이기 시작했고 자주 부모에게 말대답을 하거나 심부름을 시키면 혼잣말로 뭐라고 불평을 하곤 했다.

소녀는 친구들에게도 이전처럼 자주 전화를 하지 않았다. 친구가 집으로 찾아오면 곧잘 말다툼을 하거나 싸움을 했다. 아이는 우울증을 느끼고 있었다.

어른들은 우울하다거나 기분이 저조한 것, 좀 '가라앉는 것'의 의미가 무엇인지 알고 있다. 그런 기분은 어떤 일에 대한 반응으로 자연스럽게 이해될 수 있다. 예를 들어 사랑하는 사람을 잃었을 때 우울한 증상을 보이지 않으면 비정상일 것이다.

어른의 경우 이런 우울한 기분은 좀 더 밖으로 드러나 보이고 오래 지속되므로 우울증이라는 것을 식별하기가 쉽다. 다음과 같은 증상 중 몇 가지를 여러 달 동안 계속 보일 경우 우울증에 걸린 것으로 간주한다.

  −전에는 즐거워했던 활동에 관심을 잃었을 때

  −혼자 있는 시간이 늘었을 때

  −힘이 없고 쉽게 피곤을 느낄 때

-정신 집중이 안 되고 결정을 내리는 것이 힘들 때

-자신감을 잃었을 때

-식욕이 떨어지거나 지속적으로 과식하게 될 때

-불면증

-절망감

-죽음 혹은 죽어가고 있다는 생각이 계속해서 들 때


  비록 항상 부모가 인지할 수는 없지만 아이들 역시 우울증을 앓는다. 아이가 우울증을 앓고 있다는 사실을 발견하기는 훨씬 어렵다. 아이는 자기의 느낌을 말로 표현하는 것이 서툴기 때문이다. 그런 이유 때문에 아이들은 우울증을 행동으로 표현하는 경향이 있다.

  우울증에 빠진 어린이는 부모에게 자기의 느낌을 정확하게 표현하지 못할 수 있다. 자주 움츠러들거나, 식욕이나 잠버릇이 바뀐다거나, 친구 관계의 변화, 늘어나는 짜증, 무기력, 성적 하락과 같은 징후를 나타낸다. 아동 우울증을 인지해내는 열쇠는 평상시와는 다른 행동이 여러 주 동안 계속되는지 여부를 관찰하는 것이다.

명심해야 할 사항은 아이들도 어른들처럼 감정의 기복을 느낀다는 것이다. 일주일 내내 학교생활이 힘들었거나 애완동물이 죽어서 슬프다거나 해서 우울증이라고 단정할 수는 없다. 다시 한번 말하지만, 일정 기간 지속되고 있는 변화된 행동을 파악하는 것이 중요하다.

가족 중 우울증을 앓고 있는 사람이 있을 경우 아이가 우울증에 빠질 가능성이 더 높다.

이번 장에서 설명한 것과 같은 행동의 변화를 감지하고 아이가 우울증일 가능성이 있다고 우려가 되면 철저히 그 가능성을 파헤쳐 보아야 한다.

처음에 신중하게 해야 할 일은 아마도 학교의 담임교사를 찾아가 아이의 행동이나 성적이 변하지 않았는지를 확인하는 일일 것이다.

아이의 가장 친한 친구가 지금은 다른 아이와 놀고 있다는 사실 등이 아이의 상태를 설명해 주는 좋은 열쇠가 될 것이다. 또는 담임교사가 이미 걱정스러운 변화를 감지했을 수도 있다.

걱정이 되는 부모는 아이의 상태를 정확히 평가해 줄 전문가와 상담을 해야 한다. 만약 아동 우울증이라는 진단이 나오는 경우 심리 치료가 문제를 해결하는 데 도움이 될 수 있다. 투약이 효과를 보는 경우도 있다.

우울증 증세가 애완동물의 죽음이나 조부모의 사망, 친구의 이사와 같은 상황적 요인에 기인한 것이라면 아이가 그런 기분에서 벗어나도록 하는 데 부모의 도움이 커다란 역할을 할 수 있다.

만약에 아이가 열 살 이하일 경우 자신의 기분을 정확히 표현하는 것이 어려울 수 있다. 이럴 경우 부모가 먼저 자신의 기분을 이야기하고 그런 상황에서 부모는 어떤 기분을 느끼고 있는지를 설명함으로써 아이가 자신의 기분을 표현하는 것에 도움을 줄 수 있다.

아이에게 어떤 기분을 가지라고 강요해서는 안 된다. 단지 아이가 어떤 기분을 느끼고 있든지 그런 감정은 정상적인 것이며 부모는 그런 감정을 존중할 것임을 아이가 알도록 해주어야 한다.

때로는 이미 세상을 떠난 이들과의 즐거웠던 추억을 함께 이야기하는 것이 도움이 될 수도 있다.

# 아동기 공포와 근심

공포와 근심은 모든 사람이 느낀다. 공포란 우리가 위험한 상황을 넘길 수 있도록 돕는 건강하고 적절한 반응이다. 그러나 상상과 관련되거나 일상생활에 지장을 주는 경우 공포는 문제를 일으킨다. 대개 아동은 성장 단계별로 특정한 공포를 느낀다. 연령별 공포의 공통적인 요소는 이렇다.

## 공포의 원천

0~6개월　소음

6~9개월　자기를 항상 돌보아 주는 사람 외의 성인, 굴러 떨어지기

2세　천둥, 괴물, 커다란 물체(자동차, 기차 등)

3세　동물, 암흑, 혼자 있는 것

4세　커다란 동물, 부모가 떠나는 것(잠자리에서 또는 출근), 암흑

5세　암흑, 굴러 떨어지기, 개

6세　괴물, 유령, 마녀, 도둑, 침대 아래 있는 존재, 병원 치료

위와 같은 공포감은 대부분의 아동이 공통으로 느끼는 것이다. 따라서 생각보다 오래 공포감이 지속되거나 혹은 그 정도가 지나쳐서 평소의 활동을 저해하지 않는 한 우려할 필요는 없다.

대부분의 아이들은 공포를 극복하면서 성장한다. 부모는 단지 아이들을 안심시키고 평소대로 행동하게 하면 된다. 예를 들어, 괴물이 무섭다고 잠을 안 자려고 하는 것을 내버려 두어서는 안 된다.

공포를 피하는 것은 공포감을 증폭시키며 아이를 진정시키는 것(잠자리에 들게 하는 것)을 더 어렵게 만들 뿐이다.

## 단순 공포

단순 공포는 어떤 특정 대상이나 활동에 대해 지속적으로 공포감을 느끼는 것으로 특징지을 수 있다. 개나 뱀, 거미 같은 것이 그 대상이 된다.

또 다른 일반적인 공포에는 고공 공포, 폐쇄 공포, 비행 공포 등이 있다. 이런 것들은 심각한 스트레스를 야기하거나 평소의 기능을 저해하는 공포이다.

## 학교 공포

정신질환 관련 전문가들이 공식적인 질환으로 인정하지 않는 것이 학교 공포이다. 이 공포는 학교 가기를 거부하거나 정말 마지못해 등교를 하는 아동에게서 나타난다. 이런 아동은 집에 남아 있으려고 무던히도 애를 쓴다. 예를 들어 꾀병을 부리기도 한다.

## 공포에 대한 처방

모든 공포는 일반적으로 심리학자나 다른 정신질환 전문

가들이 손쉽게 치료할 수 있다. 치료는 아동을 공포의 대상
이나 상황에 먼저 가상적으로 접하게 하고 나중에 실제로
마주치게 하는 식으로 이루어진다.

아이에게 보다 긍정적이고 융통성 있는 '자기 발언'을 가
르치는 것도 치료에 도움이 된다. 자기 발언이란 우리가 미
처 의식도 하지 않은 채 매일매일 스스로에게 말하는 것을
의미한다. "와, 이 피자 맛있네."라든지 "멋진 차군."과 같
은 것이 예가 된다.

이와 같은 내면의 발언은 우리가 두려움을 느끼거나 불안
할 때 특히 효력을 발휘한다. 두려운 마음을 더 두렵게 하
는 표현은 이런 것이다.

"이 사람들 앞에서 내가 말을 해야 하다니 그건 불가능
해."

"오늘 틀림없이 학교에서 나쁜 일이 벌어질 거야."

내면에서 나오는 말을 보다 긍정적이고 확신에 찬 것으로
바꾸는 법을 가르쳐 주는 것도 아이들의 공포와 불안감 해
소에 도움을 준다.

# 기타 장애



**불안과다장애**

아동이 어떤 것에 대해 오랜 기간 지속적이며 비현실적인 근심을 느끼는 경우 발생하는 불안증의 일종이다. 이런 불안증은 안전하다는 것을 다짐받으려는 지나친 욕구, 완벽주의, 거절을 당할까 두려워하는 심리, 과거나 미래에 대한 지나친 걱정 등과 관련이 있다.

이는 부모가 인정을 받으려면 어떤 수준에 도달해야 한다는 심리적 지뢰를 심어 준 아동에게서 흔히 발견된다.

252

**강박장애**

이 장애는 불안과다장애에서 나타나는 불안증과 밀접한 관련이 있다. 이 장애가 있는 아동은 일반적으로 과거나 미래의 일에 대해 지나친 불안감을 갖는다.

이 증상의 아동 중에는 불안감을 누그러뜨리기 위해 일정한 의식이나 손 씻기, 숫자 세기 같은 반복적인 행동을 개발해 내기도 하고 주문 같은 것을 반복해서 외기도 한다.

이런 행동들은 일상적인 활동을 저해하지 않는 한 문젯거리가 되지 않을 수도 있다. 그러나 일상생활을 어렵게 할 때 부모는 전문가의 도움을 구해야 한다.

엄마의 손에 끌려 상담을 찾은 아이가 있다. 아이는 열 살 때부터 잠자리에서 기묘한 의식을 되풀이하면서 점점 더 늦게까지 잠을 안 자기 시작했다.

아이는 자기 전에 가방의 지퍼를 20번 올렸다 내렸다 한 다음, 불을 껐다 다시 켜고 방 안의 물건들을 하나하나 확인했다.

아이는 이런 의식을 매일 밤마다 치른 다음에야 잠자리에 들었다. 열한 살이 되자 아이는 다음 날 학교 수업에 지장

을 줄 정도로 잠들기 전의 의식을 되풀이하면서 잠을 안 잤
다.

몇 주일 동안의 진료를 통해 아이가 실패에 대한 두려움,
원하는 성적을 얻지 못할 것에 대한 심한 강박증을 앓고 있
다는 것을 알아낼 수 있었다.

아이의 부모는 모두 지능이 높았고 학교 성적도 우수했다.
아이는 언젠가 한번 몸이 아파서 충분히 공부할 수가 없었
고 결국 시험을 망쳐 버렸다. 그 후로 아이는 낙제를 두려
워하게 된 것이다.

보다 융통성 있는 처방으로 아이를 치료하는 동시에 현실
적인 성과를 아들에게 기대하도록 부모를 설득시켰다. 그
결과 지금 아이는 우수한 학생으로 행복감을 느끼고 있다.

다른 아동기의 문제처럼 많은 불안장애도 부모가 적극적
으로 자녀와 열린 대화를 계속하고 무조건적인 사랑을 확
신시켜 줄 경우 충분히 예방이 가능하다.

자녀에게 성적과 부모의 사랑은 전혀 별개임을 알게 해줄
필요가 있다.

이런 증세를 앓고 있는 아동들에게 정신질환 전문가의 적

절한 처방이 큰 효과가 있다는 사실은 기쁜 일이다.

이 책에 열거된 장애를 아이들이 겪지 않기를 바라지만 무시할 수 없는 숫자의 아동들이 특별한 도움이 필요한 문제를 한두 가지 겪어야만 하는 것이 현실이다.

이런 문제와 맞부딪쳐야 하는 부모는 자녀가 보이는 상태에 대해 많은 지식을 습득하는 것이 중요하다. 그 상태에 대해 많이 알수록 자녀의 보호자이며 옹호자 역할을 더 잘할 수 있다.

ADHD, 학습장애, 불안과다장애 아동의 경우 부모의 보호는 매우 중요한 기능을 한다. 대부분 교사나 정신질환 전문가들은 아동 개개인의 상태에 대해 만족할 만큼 충분히 알수 없는 것이 현실이다. 그러므로 부모가 대신해서 자녀의 특정한 필요 사항을 그들에게 설명할 의무가 있다. 그들과의 밀접한 협조는 아무리 강조해도 지나치지 않다. 자녀를 위해 앞에 서서 나가 주는 것이 부모의 책임인 것이다.

많은 아동들이 겉으로 보기에는 이상하지만 실제로는 일시적이고 정상적인 행동이나 감정 상태를 드러내게 된다. 소수의 아동들은 전문가들의 치료를 필요로 하는 상태의 장애 증세를 보인다. 어떤 문제 행동이 장기간 지나칠 정도로 나타나 아이의 일상생활을 어렵게 할 정도라면 심각한 상태인지 의심해 보아야 한다.

아동에게 특별한 필요 사항이 존재할 경우 부모는 아동의 적극적인 옹호자로서의 역할을 다해야 한다.


**외부 전문가의 도움을 청해야 할 필요가 있는 상황은 다음과 같다.**

-ADHD(주의력결핍 과잉행동장애)

-학습장애

-아동 우울증

-불안과다장애

-강박장애

-여러 공포증


## 9장 묻고 답하기

다음의 문장을 읽고 적당한 답을 찾아보라.

1. 아동들이 뚜렷하게 드러내는 문제 행동의 대부분은 성장 과정의 어떠한 현상인가?

A. 정상적

B. 비정상적


2. 부모가 아이의 잠재적인 문제 행동에 대해 심각하게 고려해 보아야 하는 것은 어떤 경우인가?

A. 그 문제로 인해 정상적인 일상생활이 어려워질 때

B. 그 문제가 일정 기간 계속해서 발생할 때

C. 지나칠 정도로 심할 때

D. 위 세 가지 모두


3. 시청각적 자극을 소화해 내지 못해 정신 집중을 지속하는 데 어려움을 겪는 아동의 병명은 무엇인가?

A. ADHD        B. 학습장애        C. 아동 우울증

D. 불안과다장애      E. 공포증        F. 강박장애


4. 피곤, 소외감, 불면증, 자신감 상실, 관심과 의욕 상실 같은 증세를 보이는 병명은 무엇인가?

A. ADHD               B. 학습장애            C. 아동 우울증

D. 불안과다장애         E. 공포증             F. 강박장애


5. 좌우 구별 곤란, 착시 장애, 개념 정립 곤란 등과 같은 장애를 지속적
으로 보이는 아동의 병명은 무엇인가?

A. ADHD               B. 학습장애            C. 아동 우울증

D. 불안과다장애         E. 공포증             F. 강박장애


6. 특정한 대상이나 행동에 대해 비현실적이거나 지나친 공포감을 나타
내는 아동의 병명은 무엇인가?

A. ADHD               B. 학습장애            C. 아동 우울증

D. 불안과다장애         E. 공포증             F. 강박장애


7. 불안감을 누그러뜨리기 위해 특정한 의식과 같은 반복 행동을 되풀이
하는 아동의 병명은 무엇인가?

A. ADHD               B. 학습장애            C. 아동 우울증

D. 불안과다장애         E. 공포증             F. 강박장애


8. 미래와 과거의 일에 대해 심한 불안감을 표시하는 아동의 병명은 무

엇인가?

A. ADHD                  B. 학습장애              C. 아동 우울증

D. 불안과다장애          E. 공포증               F. 강박장애

## 답

1번 문제의 답은 A이다. 아이들은 전문가들의 치료가 필요 없는 문제 행동을 일시적으로 드러내는 경우가 많다.

2번 문제의 답은 D이다. 위 세 가지 중 한두 가지의 증상이 두드러질 경우 좀 더 관찰을 하거나 외부 전문가의 도움을 청할 필요가 있다.

3번 문제의 답은 A이다. ADHD 아동은 과잉 행동을 보이거나 아니면 과잉 행동은 없지만 주의 집중하는 데 어려움을 나타낸다.

4번 문제의 답은 C이다. 아동들은 자기의 감정을 말로 표현하는 것이 어렵기 때문에 부모가 이런 증상을 인지하는 것이 중요하다.

5번 문제의 답은 B이다. 학습장애는 학업과 자신감 구축에 커다란 영향을 줄 수 있다.

6번 문제의 답은 E이다. 공포증에는 곤충, 학교, 집에서 멀리 여행 가기, 비행, 부모와 떨어지기 등 다양한 대상이 포함된다.

7번 문제의 답은 F이다. 어린아이에게 몇몇 의식은 극히 정상적인 행동이다. 다만 일상생활을 어렵게 하기 시작하면 문제가 되는 것이다.

8번 문제의 답은 D이다. 이 장애를 앓는 아동은 대부분의 시간을 두려움과 스트레스를 겪으며 보낸다.

# 즐거운 버리기

부모 노릇에 우선순위를 두어라. 아이들의 삶에 적극적으로 참여하라. 말과 행동으로 긍정적인 교훈을 가르쳐라. **아이에게서 배워라. 즐거움을 잊지 마라.**

어른들은 자신이 어렸을 때 어떠했는지를 자주 잊어먹는다. 먹고살기 위해, 은행 대출을 갚기 위해, 아이들을 기르느라 너무나 바쁜 탓이다.

어린이에게서도 배울 것이 있다는 사실 역시 자주 잊어먹는다. 우리가 좀 더 사려 깊고 세심하다면 우리는 잊고 있었던 삶의 기쁨을 아이들에게서 발견할 수 있을 것이다. 그 순간 우리는 아이들에게서 삶이란 어떠해야 하는지를 배우게 되는 것이다.

아이들은 놀라울 정도로 지금 현재의 순간에 충실하여 그들의 삶을 경험한다. 한 달 전에 어떤 일이 일어났는지, 또 다음 주에는 무슨 일이 일어날지 생각하는 법이 거의 없다.

　아이들은 매일매일 보고 듣고 만지고 냄새 맡으며 거기에 상상을 더하여 자기들의 세계를 탐험한다. 아이들의 세계는 마술과 경이, 모든 것이 가능하다는 강한 믿음으로 활기차다.

# 지금 이 순간을 즐기는 아이들

지금까지 만났던 사람들 중 진정 행복을 느끼는 이들은 어린아이 같은 성질을 끝까지 유지하기 위해 적극적으로 투쟁하는 사람들이다. 세상이 의무와 사실, 규칙, 시시비비를 엄격히 따져야 하는 일 따위로 무거움을 안겨 주어도 그들은 삶에 개방적이고 유연한 태도를 유지하기 위해 애쓰는 것이다.

나와 같은 직업은 매일매일 환자를 통해 맞부딪치게 되는 문젯거리들의 양과 중압감에 압도되기 쉽다. 그럴 때마다 나는 딸아이가 활기차고 장난기 가득한 방식으로 삶을 해석하는 순간들을 마음에 떠올려 본다.

아무리 무거운 어깨의 짐도 아이가 나비를 쫓는다든지 나무 위에 오르는 모습을 보면 눈 녹듯이 사라져 버리는 것이다. 새로운 이야기를 읽을 때 반짝이는 눈빛이나 축제에서 기쁨에 겨워 어쩔 줄 모르며 지르는 비명소리 같은 것들은 항상 나를 딸아이가 느끼는 즐거움과 활력의 세계로 데려가곤 한다.

나와 아이는 누가 진짜 '드림랜드'의 꼬마 주인인지에 대해 끊임없이 스무고개를 하곤 한다. 상담 중에 만나는 아이들 또한 천진난만한 내면세계에 대해 가르침을 주고 있으며 나는 그것에 진정으로 감사하고 있다.

부모들이 책임감과 독립심과 함께, 아이들이 살면서 느끼는 장난기 가득한 호기심과 탐구심이라는 자연스런 감각도 키워야 한다고 생각한다. 그러기 위해서는 아이들이 하는 장난에 동참하는 것보다 더 좋은 방법은 없다.

아이에게 매일매일을 감사하게 여기고 즐길 줄 알도록 가르치는 것은 미래에 부딪히게 될 수많은 문젯거리에 대한 예방접종을 해주는 것과 같다. 한 연구 조사에 따르면 유머를 즐길 줄 아는 성인은 그렇지 못한 사람보다 훨씬 건강하다. 면역체계가 건강하여 병에 걸릴 가능성이 낮고 또 병에 걸리더라도 빨리 회복된다는 것이다.

아이에게 자기 자신에 대해 웃는 법을 가르치는 것은 인생의 불가피한 어려움을 보다 쉽게 받아들이는 법을 일러 주는 셈이다. 웃을 줄 아는 아이는 우울증이나 강박관념에 빠지는 경향이 낮고, 삶의 중심에 서서 행복을 느낄 줄 안다.

그렇게 가르치려면 부모가 의식적으로 자녀와의 시간을 만끽해야 한다. 아이와 함께 있으면서 생각은 직장에서 일어났던 일이나 언제 집수리를 해야 하는가와 같은 문제 따위로 가득하기가 쉬운 법이다. 그러나 기억하라, 아이는 부모가 하는 말보다 행동에서 더 많은 것을 배운다는 사실을.

시간을 만끽한다는 건 순간순간을 사로잡아 생기를 가득 불어넣는 것을 의미한다. 즉, 아무리 작더라도 지금 눈앞에 있는 일에서 즐거움을 발견하는 것을 의미하는 것이다.

아이들은 비교적 어린 나이에 부모로부터 이런 개념을 배우게 된다. 만약 자녀 앞에서 산만하고 거리감 있는 모습을 보인다면 아이들은 금방 지금 눈앞에 있는 일이 별로 중요한 것이 아니며 그냥 넘겨 버려야 할 일이라는 것을 배운다.

반면에 활동적으로 어울려 주거나 아니면 그 순간 하고 있는 일에 몰두하는 모습을 보여 주면 아이들은 현재에 몰두하는 법을 배우게 된다. 이러한 아이들은 좀 더 커다란 행복과 만족감, 열의를 알게 된다. 주변의 흔한 일에서도 즐거움과 흥분을 느낄 수 있는 기회를 잡을 수 있다.

게임 하듯 잡일을 해치우거나 노래를 부르며 집 청소를 하는 부모의 모습에서 아이들은 지금 이 순간을 즐기는 법을 배우게 되고 그 아이들은 막연히 더 좋은 일이 일어나기를 기다리기보다 현재의 자신에 만족할 줄 알게 된다.

지금 이 순간을 즐기는 법을 자녀에게 보여 준 부모는 더 행복해하는 건강한 자녀를 가지게 된다. 또, 이런 방식이 부모 노릇을 더욱 즐거운 일로 만들어 주는 것이다.

이 책을 읽으며 습득했기를 바라는 것이 몇 가지 있다. 부모 노릇이란 피동적인 것이 아니라는 사실이다. 그것은 제일 높은 우선순위를 부여해야 하는 일이다. 훌륭한 부모가 되기 위해서는 자녀의 삶에 능동적으로 참여해야 한다.

의식하든 못하든 부모의 행동은 자녀에게 큰 영향을 미친다. 부모는 단지 부모로 존재하는 것이 아니라 부모로서 어떤 행동을 하느냐에 있다.

일단 능동적인 부모가 되겠다고 결심했다면, 그래서 얻을 수 있는 반대급부는 여러 인생 경험 중 가장 값진 것이 될 것이다.

상담을 찾는 사람들 중에는 자기의 직업, 결혼, 자녀에 대해 불만을 털어놓은 사람들이 많이 있다. 그러나 진정 능동적으로 자녀를 키워 온 사람이 후회하는 모습은 본 적이 없다. 우리 대부분은 아이들에게 나누어 주는 만큼 아이들에게서 배우게 되는 것이다.

부모의 역할은 선생의 역할에서 시작되고 또 상당 부분 그 역할을 유지한다. 아이들에게 무조건적인 사랑을 보여 주고, 마음의 해로운 지뢰밭을 피하게 해주고, 또 개방적으로 아이들과 어울려 대화를 나누는 것, 그 자체가 아이들에게 긍정적인 삶을 사는 법을 매일매일 훈련시키는 것이다. 일관성 있게 인과관계를 따지고 벌을 주는 것도 아이들에게 삶이 어떻게 이루어지는지에 대해 값진 교훈을 주는 것이다.

아이들이 자라 10대가 되면 부모의 직접적인 통제는 점점 어려워진다. 그 결과, 부모의 역할은 선생에서 상담자로 변해 가게 된다.

현명한 부모라면 이러한 자연스런 변화를 파악하고 아이들이 독립적이고 책임감 있는 성인으로 성장하는 그 힘든 과정에서 항상 동반자적인 존재가 되기 위해 노력할 것이다. 이런 과정에서 열린 대화와 사려 깊은 경청, 문제 해결적인 접근 방법 등은 훌륭한 부모가 되려는 사람들에게 가치 있는 도구가 된다.

부모 노릇에 우선순위를 두어라.

아이들의 삶에 적극적으로 참여하라.

말과 행동으로 긍정적인 교훈을 가르쳐라.

아이에게서 배워라.

즐거움을 잊지 마라.

## 10장 묻고 답하기

다음의 문장을 읽고 적당한 답을 찾아보라.


1. 아이들이 강렬하게 인식하는 감정은?

A. 지금 이 순간을 만끽

B. 이미 경험한 적이 있다는 인식

C. 무기력


2. 일상사에 억눌려 자주 잊어먹곤 하는 부모 노릇의 본질은 무엇인가?

A. 피곤함

B. 금전적인 부담감

C. 즐거움

3. 부모의 올바른 역할은 무엇인가?

 A. 두목

 B. 선생님

 C. 토크쇼 사회자


# 답

1번 문제의 답은 A이다. 아이들은 어떤 일이 일어나는 그 순간순간을 강렬하게 경험하는 놀라운 능력이 있다. 부모는 아이의 능력으로부터 많은 것을 배울 수 있다.

2번 문제의 답은 C이다. 자녀 교육에 우선순위를 두고 자녀와 함께 능동적으로 어울릴 수 있는 부모는 피동적인 부모보다 훨씬 커다란 즐거움을 가지게 된다.

3번 문제의 답은 B이다. 부모의 가장 커다란 목적은 아이들이 독립적이고 책임감 있고 행복한 성인이 되도록 가르치는 데 있다.

# 웃는부모 우는아이

**초판 1쇄 인쇄** 2014년 5월 22일
**초판 1쇄 발행** 2014년 5월 29일

**지은이** 케빈 스티드
**옮긴이** 곽지수
**펴낸이** 한익수
**펴낸곳** 도서출판 큰나무
**등록** 1993년 11월 30일 (제5-396호)
**주소** 410-360 경기도 고양시 일산동구 백석동 1455-4 1층
**전화** 031-903-1845
**팩스** 031-903-1854
**이메일** btreepub@chol.com
**블로그** blog.naver.com/btreepub

값 13,000원
ISBN 978-89-7891-287-7 (13590)

이 도서의 국립중앙도서관 출판시도서목록(CIP)은 서지정보유통지원시스템 홈페이지
(http://seoji.nl.go.kr)와 국가자료공동목록시스템(http://www.nl.go.kr/kolisnet)에서 이용하
실 수 있습니다.(CIP제어번호: CIP2014015745)